Rüdiger Vaas

EINSTEIN (presque) FACILE !

TOUT CE QU'IL FAUT SAVOIR
SUR SES TRAVAUX

Illustrations
Gunther Schulz

Traduction et adaptation
Claude Checconi

DELACHAUX
ET NIESTLÉ

Sommaire

- 4 › **UN CATALYSEUR INTELLECTUEL DE GÉNIE**
- 10 › **ESPACE, TEMPS ET E = mc²**
- 34 › **GRAVITATION ET GÉOMÉTRIE**
- 62 › **EINSTEIN AU BANC D'ESSAI**
- 88 › **MODÈLES COSMOLOGIQUES**
- 108 › **CURIEUX MONDE QUANTIQUE**

- 126 › Pour en savoir plus sur l'univers d'Einstein
- 128 › Crédits photographiques

UN CATALYSEUR INTELLECTUEL DE GÉNIE

« L'important est de ne jamais cesser de s'interroger. La curiosité a sa propre raison d'être. On ne peut que s'émerveiller avec respect devant les mystères de l'éternité et de la vie, ou devant la magnifique structure de la réalité. Il suffit de tenter de comprendre chaque jour ne serait-ce qu'une petite partie de ces mystères. Cette curiosité sacrée ne doit jamais nous quitter. »

Des débuts difficiles

Au printemps 1902, les perspectives sont peu réjouissantes pour Albert Einstein, alors âgé de 23 ans : il est au chômage, sans ressources, loin de son enfant et en échec universitaire.

L'espoir qu'il entretient d'occuper un poste d'assistant à l'École polytechnique de Zurich, où il avait étudié la physique et les mathématiques, ne se concrétise pas. Ses demandes en Allemagne, en Hollande et en Italie restent infructueuses. Sa thèse est refusée. Son avenir universitaire semble bien sombre. Un emploi dans le secondaire est aussi un échec. Victime de plusieurs faillites, son père ne peut plus guère l'aider et meurt peu de temps après. Aussi se voit-il contraint, pour survivre, de donner des cours de soutien à domicile.

Encore étudiant, Einstein avait confié à sa sœur n'être « rien d'autre qu'un poids pour la famille. Ce serait certainement mieux [s'il n'était] pas en vie ». À cela s'ajoute une tragédie. Mileva Marić, camarade de classe et compagne d'Einstein, rate pour la deuxième fois son examen alors qu'elle est enceinte. L'insécurité liée à sa situation professionnelle et financière précaire, ainsi que l'opposition farouche des parents d'Albert rendent un mariage impossible. Mileva met au monde dans la maison de ses parents, près de Novi Sad, une enfant que son père ne verra jamais : la fillette restera en Hongrie. On pense qu'elle serait décédée très jeune ou aurait été confiée à des parents adoptifs.

Révolution au Bureau fédéral de la propriété intellectuelle

Mais le sort finit par tourner. En juin 1902, Einstein obtient au Bureau fédéral de la propriété intellectuelle de Berne un poste de « vénérable pisseur de lignes confédéral », comme il le dit lui-même. Il parvient à louer un meilleur logement, à épouser Mileva et à se replonger dans la physique. Il est alors soutenu par les échanges intellectuels de ses amis Maurice Solovine, Conrad Habicht et Michele Besso. Bien qu'il ne puisse se prévaloir d'aucun mérite académique, cinq de ses articles sont publiés en 1904 dans *Annalen der Physik (Annales de la physique)*, célèbre revue scientifique allemande. En 1905 – *annus mirabilis* (année miraculeuse) pour Einstein selon les historiens des sciences –, il écrit à 26 ans cinq autres articles en seulement cinq mois. Rétrospectivement, ces coups d'éclat ont changé pour toujours, voire ont contribué à fonder, trois domaines de la physique.

Einstein démontre que la matière est constituée de petites particules (atomes et molécules), un sujet alors vivement controversé.

Il découvre que le rayonnement et l'énergie ne sont pas continus, mais scindés en petites parties – seule découverte qu'il estimait « radicale ».

Avec la théorie de la relativité restreinte, il recadre toutes les théories de la physique, révolutionne les conceptions courantes et physiques du temps et de l'espace, et découvre que la masse et l'énergie ne sont pas foncièrement différentes, mais de nature semblable et, d'une certaine manière, les deux faces d'une même médaille. Jamais personne n'avait encore élargi la physique de façon aussi rapide et complète. Il l'a repositionnée sur des bases nouvelles – toujours aussi solides aujourd'hui.

Cet ouvrage...

…raconte l'aventure des découvertes d'Einstein. Sérieuse sans être dépourvue d'humour, cette présentation n'exige pour ainsi dire aucune connaissance scientifique préalable (pour obtenir plus de détails ou des informations concernant les débats actuels sur les fronts de la recherche en physique fondamentale et en cosmologie, ou sur l'héritage encore non concrétisé d'une « formule du tout », consultez les autres ouvrages de l'auteur). La situation historique et la personnalité d'Einstein restent au cœur de la narration.

Ce scientifique de génie manie la langue avec art, comme en témoignent ses mots d'esprit. Ses citations ont même été rassemblées dans des recueils. Mais ce n'est pas tout, ni l'essentiel. Einstein précise et enrichit également le langage – notamment celui qui décrit l'Univers. La langue de la physique formulée avec une précision mathématique est un outil puissant pour saisir les caractéristiques et la systématique des processus naturels découverts à travers l'observation et l'expérience. Elle prend une forme généralisée, condensée,

aussi exacte que possible et de préférence chiffrée. Ce code n'est pas simple ; il faut l'apprendre comme tous les autres.

Ce langage n'est pas figé, il évolue et doit être adapté aux nouvelles exigences par de multiples traductions. Celles-ci contribuent à mieux saisir les plus importantes découvertes d'Einstein, qui ont ébranlé les bases de la physique et modifié à jamais les conceptions de l'espace, du temps, de la matière, de l'énergie et de la pesanteur.

On peut considérer la théorie de la relativité restreinte comme la traduction et la réunion de deux langues, celle de la physique et celle de l'électromagnétisme, jusqu'ici inconciliables. Cela s'accompagne de nouvelles significations pour des concepts apparemment familiers mais en réalité étranges, tels que le temps et l'espace, la simultanéité et le présent ou l'énergie et la masse (à partir de la page 10). Avec la théorie de la relativité générale, qui compte parmi les plus importantes créations de l'esprit humain, Einstein chamboule la langue de la physique tout en la précisant et en la complétant (à partir de la page 34).

On ne peut alors plus comprendre la scène du monde hors des spectacles qui s'y déroulent. Pour la première fois, l'Univers peut être décrit dans sa globalité, un élargissement incroyable de perspective (à partir de la page 88). Tout n'est pas que mots et formules, ces résultats ont en effet brillamment fait leurs preuves confrontés au feu croisé de la critique et des essais expérimentaux. La théorie de la relativité reste la plus précise – et donc la meilleure – de l'histoire de l'humanité (à partir de la page 62), s'invitant même dans notre quotidien. Aussi est-il d'autant plus étonnant que la langue de la relativité soit incompatible avec une autre, également forgée par Einstein, destinée à l'étude du règne de l'infiniment petit, à l'étrange monde des quanta (à partir de la page 108). Jusqu'à sa mort, Einstein a tenté de développer une sorte de vocabulaire universel – et nul n'a su jusqu'ici exploiter cet héritage.

Une énigme, grande et éternelle

Malgré tout son savoir, Einstein reste toujours modeste et très conscient des limites de ses découvertes. « Il me suffit d'entrevoir avec émerveillement ces secrets et de tenter humblement d'imaginer une pâle représentation de la sublime structure de l'existant », dit-il. Et il doit admettre, malgré la confiance qu'il fonde en une structure fondamentale rationnelle du cosmos : « Le plus incompréhensible dans l'Univers, c'est en fait que nous le comprenions. » Dans une lettre de 1951, il déclare même :

« Une chose apprise au cours d'une longue vie : tout notre savoir, comparé à la réalité, est primitif et enfantin – pourtant, il s'agit de notre bien le plus précieux. »

Einstein n'est pas seulement un catalyseur intellectuel de génie. Il est aussi tenace, voire entêté, et individualiste (il se dit « fait pour être attelé seul »), aimant la réflexion solitaire. Il déteste la suffisance et le nombrilisme – ainsi que tout le battage autour de sa personne lorsqu'il devient mondialement célèbre. « J'ai toujours été gêné par tout ce qui touche au culte de la personnalité », écrit-il dans une lettre l'année de son décès. Dès sa prime jeunesse, il essaie de se délivrer de son « petit moi », d'une existence dominée par les désirs, les espoirs et les réactions primitives. Il se souvient, en 1946, dans ses notes autobiographiques :

« Il y avait là, au dehors, le vaste monde, qui existe indépendamment des hommes et se dresse devant nous comme une énigme, grande et éternelle, mais partiellement accessible à notre perception et à notre réflexion. La contemplation de ce monde était comme la promesse d'une libération. »

Einstein est parfaitement conscient que tout le monde ne partage pas sa vision du quotidien, des relations (a)sociales et de la tolérance. Par ailleurs, il s'engage dans la vie publique et politique. Il défend l'idée selon laquelle la fuite individuelle dans l'objectivité peut très concrètement enrichir et améliorer le monde. Einstein l'exprime ainsi en 1920 :

« La contribution essentielle des intellectuels à la réconciliation entre les peuples et la fraternisation durable de l'humanité réside à mon avis dans leurs réalisations scientifiques et artistiques, parce qu'elles élèvent l'esprit de l'homme au-dessus des objectifs personnels et nationaux égoïstes. »

Si Einstein avait eu un frère jumeau parti faire un petit tour dans le cosmos à une vitesse proche de celle de la lumière, le temps serait passé beaucoup moins vite pour lui que pour Albert resté sur Terre.

ESPACE, TEMPS ET E = mc²

« Placez votre main sur un poêle une minute et cela vous semble durer une heure. Asseyez-vous une heure auprès d'une jolie fille et cela vous semble durer une minute ; c'est ça la relativité. »

Derrière les phénomènes du quotidien se dissimulent des lois naturelles bizarres et des relations troublantes. Selon les prédictions de la théorie de la relativité restreinte, des masses minuscules libèrent une énergie incroyable à une vitesse proche de celle de la lumière, les centimètres rétrécissent et les secondes s'étirent à l'infini. Avec cette théorie, Albert Einstein révolutionne la description physique du monde. Il surmonte les contradictions tenaces entre les théories de la mécanique classique et de l'électromagnétisme, redéfinit les relations entre espace, temps, rayonnement et matière, puis remet en cause l'idée d'une simultanéité universelle. Avec sa formule $E = mc^2$, Einstein a en outre découvert que l'énergie et la masse formaient une entité – prémisse à la compréhension de la fission et de la fusion nucléaires, ainsi que de l'antimatière. Une limite fondamentale apparaît clairement : il est impossible d'accélérer la matière normale à une vitesse égale ou supérieure à celle de la lumière car il faudrait pour cela une énergie infinie.

La fin de l'éther...

Présentée par Einstein au grand public le 30 juin 1905, la théorie de la relativité restreinte apporte des réponses à deux grands problèmes de la physique de l'époque. D'autres scientifiques ayant travaillé sur ces questions s'étaient beaucoup approchés de la réponse. Mais aucun n'a réussi le changement de perspective radical qui permet à Einstein de trancher ce nœud gordien parce qu'il est impossible de le défaire patiemment par les moyens traditionnels. Einstein n'est du reste pas particulièrement satisfait de l'expression « théorie de la relativité ». « J'admets qu'elle n'est pas très heureuse et a donné lieu à des quiproquos philosophiques », écrit-il en 1921 dans une lettre. Cette théorie n'établit en effet nullement que tout est « relatif ». Elle montre également ce qui peut être vérifié dans tous les référentiels et qui ne dépend donc pas de perspectives ou de coordonnées subjectives.

S'il existait un éther au repos auquel seraient liées la lumière et d'autres ondes électromagnétiques, il devrait se manifester sous la forme de vent d'éther dans les expériences de précision.

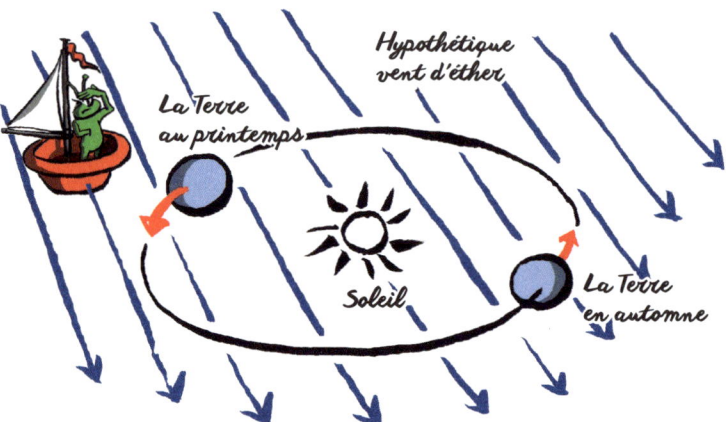

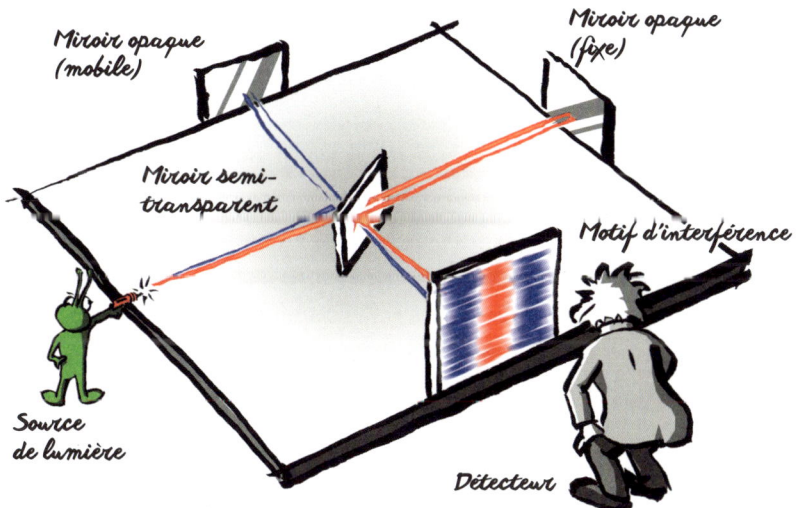

Si la Terre se meut par rapport à un éther luminifère au repos complet, deux rayons lumineux se déplaçant perpendiculairement l'un à l'autre doivent avoir une vitesse différente. Cela a été confirmé par l'expérience de Michelson-Morley. Pour ce faire, un rayon lumineux est d'abord « scindé » à l'aide d'un miroir semi-transparent puis dirigé suivant deux trajets différents. Les deux rayons résultants sont réfléchis chacun sur un miroir puis réunis dans le détecteur. En faisant tourner l'appareillage, on peut diriger ce dernier selon divers angles par rapport à l'hypothétique vent d'éther. Le rayon lumineux dans la direction du mouvement de la Terre devrait pour un observateur au repos être un peu plus lent que le rayon perpendiculaire. Aussi, si l'éther existe, les crêtes et les creux des rayons lumineux verticaux et horizontaux émis simultanément ne devraient pas atteindre le détecteur au même moment. Cette interférence devrait générer un motif à franges caractéristique ; or, on ne constate aucune trace de ce motif. Donc l'existence de l'éther est une fausse hypothèse.

Le premier problème d'Einstein réside en une contradiction flagrante entre la théorie et l'expérience (ou la réalité). Le second consiste en une opposition entre deux théories largement confirmées par la méthode expérimentale. Or, des difficultés aussi sérieuses nuisent à une description unifiée et convaincante du monde, et constituent en même temps l'incitation la plus forte à en trouver une meilleure.

Le premier problème concerne l'existence de l'éther, un support remplissant la totalité du cosmos. Dans celui-ci, le rayonnement électromagnétique – la lumière et les ondes radioélectriques, par exemple – est censé se propager comme le son dans l'air, ainsi que le laisse supposer la théorie établie de l'électromagnétisme.

Si cette hypothèse se vérifiait, les rayons lumineux devraient avoir sur Terre des vitesses différentes selon la direction dans laquelle ils parcourent l'éther. Si notre planète, qui gravite à 30 km/s environ autour du Soleil, filait à travers l'éther, la lumière devrait se propager d'abord dans la direction du mouvement de la Terre, puis perpendiculairement à celle-ci, puis dans le sens contraire. Or, des expériences élaborées réalisées depuis 1881, notamment celle des Américains Albert Abraham Michelson et Edward William Morley, n'ont pas pu démontrer l'existence d'un tel effet. Selon la théorie de la relativité restreinte, ce support éthéré ne peut exister ; « l'introduction d'un éther luminifère s'avérera donc inutile » indique Einstein dans son travail révolutionnaire, rédigeant ainsi l'avis de décès de l'éther.

...et une contradiction électrisante

Le second problème était de nature théorique. Ce qui passe pour un souci abstrait d'expert-comptable tire pourtant ses racines de l'expérience quotidienne.

Ainsi, on ne sait parfois pas si l'on est statique ou en mouvement, mais ce n'est pas une raison de s'inquiéter pour sa santé mentale. Ceux qui prennent souvent le train connaissent ce phénomène : en regardant songeur par la fenêtre, ou sur une glace réfléchissante, on croit parfois voir démarrer le train sur la voie d'à côté… alors que c'est notre propre train qui se met en branle. Ou inversement. On peut se défaire de cette illusion lorsque l'on sent l'accélération mais, parfois, on a tout simplement trop sommeil ou l'on est plongé dans un bon livre, de sorte que le mouvement n'est perçu que distraitement. Einstein aime illustrer la relativité des déplacements à l'aide de trains. C'est ainsi qu'il écrit :

« Lorsque quelqu'un se trouve dans un wagon aux volets tirés se déplaçant à vitesse régulière en ligne droite, il lui est impossible de déterminer dans quelle direction et à quelle vitesse roule ce wagon ; si l'on fait abstraction des inévitables secousses, il est même impossible de dire si le train roule ou pas. De manière plus abstraite : pour un système déplacé de manière uniforme (wagon) sur le référentiel initial (sol), les lois de déplacement sont les mêmes que pour le système initial (sol) ; cette affirmation est appelée principe de la relativité du mouvement uniforme. »

Ce principe figurait déjà dans la mécanique classique de Galilée et d'Isaac Newton. Des observateurs déplacés de manière uniforme l'un par rapport à l'autre ne peuvent pas déterminer leur état de mouvement absolu ; les deux perspectives sont justifiées l'une comme l'autre, il n'y a pas de référentiel privilégié.

Aussi, les événements décrits dans un référentiel peuvent être reportés dans un autre. Pour ce faire, il suffit de les « transposer » d'un système de coordonnées à l'autre. On dispose à cet effet d'une règle de conversion : la transformation de Galilée, du savant éponyme. Elle vaut pour tous les systèmes inertiels de la mécanique classique – systèmes de référence au repos ou se déplaçant de manière uniforme. Les trains rangés sur une voie de garage ou qui se croisent à vitesse constante sont des exemples de tels systèmes inertiels. Lorsqu'on y réalise des expériences de physique, on obtient des résultats constants, dont on peut déduire les mêmes lois naturelles.

Des transformations de coordonnées cohérentes – autrement dit des règles de conversion claires – sont d'une importance capitale. Les lois naturelles ne dépendent en effet pas des sensibilités occasionnelles des scientifiques. C'est pourquoi Newton réclamait un temps et un espace absolus comme fondement à la physique : les horloges et les échelles de longueur devaient par conséquent afficher les mêmes relations partout dans l'Univers et dans la perspective de tous les observateurs, indépendamment de leur vitesse. Que quelqu'un s'époumone sur le 100 mètres ou soit allongé sur la plage, cela ne devrait faire aucune différence sur les équations de physique.

Pour Newton, le temps s'écoule de lui-même, de façon absolue et sans référence à quelque chose d'extérieur ; le temps et l'espace forment une sorte de scène fixe offrant un spectacle précisément défini ; les périodes et instants de simultanéité sont donc indépendants des référentiels et des perspectives.

Ce sont précisément ces affirmations que la théorie de la relativité restreinte réfute.

Le second problème, le plus important pour Einstein, réside dans l'incompatibilité entre la mécanique classique et la théorie de l'électromagnétisme. Cette dernière est fondée sur les équations de James Clerk Maxwell sur l'électrodynamique. Présentées par ce dernier en 1864 à la suite des travaux préparatoires d'autres savants, elles sont décrites par Einstein en 1931 (pour le 100e anniversaire de la naissance de Maxwell) comme « ce que la physique a découvert de plus profond et de plus productif depuis Newton ».

Mais la description de phénomènes physiques à partir de points de vue différents d'observateurs se déplaçant à vitesse constante les uns par rapport aux autres n'est pas la même selon que l'on applique la mécanique classique ou l'électromagnétisme ! La règle de conversion s'appliquant aux équations de Maxwell n'est pas la même que pour la mécanique : on l'appelle la transformation de Lorentz, du nom de son inventeur, Hendrik Antoon Lorentz.

Que deux règles de conversion soient utilisées pour les systèmes de coordonnées est une situation pour ainsi dire schizophrénique. La description des événements serait divisée, alors que le monde semble former une unité et, qu'en plus, les phénomènes électromagnétiques peuvent influer sur les phénomènes mécaniques et inversement. Einstein trouve « insupportable » cette contradiction entre deux théories physiques confirmées par l'expérience, ce qui le conduit à ses réflexions révolutionnaires. Il ne peut pas accepter que deux règles soient nécessaires pour expliquer la nature, à savoir les transformations des systèmes de coordonnées de Galilée et de Lorentz.

Même s'il paraît artificiel et ennuyeux, ce problème abstrait électrise littéralement Einstein et quelques-uns de ses contemporains, car c'est bien l'électrodynamique qui le transforme en casse-tête (comme d'ailleurs la supposition de l'existence de l'éther). Ce n'est pas un hasard si l'article historique d'Einstein sur la théorie de la relativité porte le titre *De l'Électrodynamique des corps en mouvement*. Ce qui ressemble à un article technique anodin isolé n'est rien moins qu'une révolution de la physique. Il présente une toute nouvelle compréhension du temps et de l'espace et, par voie de conséquence, de la matière et de l'énergie. Et ce, même si Einstein était persuadé que :

« Toute la science n'est rien de plus qu'un raffinement de la pensée quotidienne. »

Théorie de la relativité restreinte — l'espace et le temps sont relatifs

En résumé, la solution d'Einstein consiste à récuser la règle de conversion de la mécanique parce qu'il considère l'électrodynamique comme le seul domaine valable. Ce faisant, il constate que les contradictions disparaissent en renonçant à l'hypothèse d'un temps et d'un espace absolus. La théorie de la relativité restreinte n'est pas un pur exercice de réflexion mathématique, mais a des conséquences vérifiables en tant que théorie physique. Elle prédit des réalités contredisant en partie les théories précédentes, et vérifiables expérimentalement.

C'est là que réside la force des bonnes théories scientifiques.

Einstein formule deux postulats qui ont brillamment fait leurs preuves jusqu'à aujourd'hui et constituent le cœur de la théorie de la relativité restreinte :

- Le principe de la relativité : les lois de la physique s'expriment de manière identique dans tous les référentiels, qu'ils soient au repos ou qu'ils se déplacent de manière uniforme (sans accélération).

- La vitesse de la lumière est constante : mesurée dans le vide, elle est la même dans tous les référentiels.

Einstein démontre ainsi que le cadre de la mécanique classique, qui repose sur l'idée d'un temps et d'un espace absolus et, mathématiquement, sur la transformation de Galilée, n'est pas viable : il ne fonctionne pas aux vitesses élevées. La transformation de Galilée doit être remplacée par une autre règle de calcul, à savoir la transformation de Lorentz des équations de Maxwell, qui fonctionne comme règle de conversion pour tous les systèmes de coordonnées. La théorie de la relativité restreinte crée une grande homogénéité et résout d'un coup tous les problèmes liés à la mécanique et à l'électrodynamique. Par ailleurs, l'hypothèse supposant que le référentiel « au repos » est, d'une certaine manière, fondamental ou particulier est devenue inutile.

Pour de nombreuses situations du quotidien, le facteur de correction de la transformation de Lorentz n'est pas du domaine du mesurable. Même pour la mécanique céleste, elle est insignifiante dans une multitude de cas. Compte tenu de la vitesse de la Terre autour du Soleil, soit environ 30 km/s, les écarts n'atteignent par exemple qu'un cent millionième de pourcent. La transformation de Galilée est donc une bonne formule d'approximation, même si elle est erronée à proprement parler. Einstein montre ainsi que la transformation de Lorentz est la règle de conversion appropriée, non seulement pour les phénomènes de l'électromagnétisme, mais aussi pour ceux de la mécanique classique.

Cette percée théorique conduit à une nouvelle conception de la simultanéité : le temps absolu n'existe pas mais dépend du référentiel ! Ce qui semble simultané pour un observateur ne l'est pas pour un autre évoluant à la même vitesse dans un autre lieu, ou à une vitesse différente dans le même lieu.

Les écarts spatiaux et temporels ne sont donc pas universels, mais relatifs : le temps peut quasiment s'allonger et l'espace se contracter, ce qui contredit radicalement ce que nous vivons au quotidien. Ce phénomène contre-intuitif obéit à une logique impérieuse et a été brillamment confirmé par de nombreuses expériences.

Cependant, tout n'est pas relatif : la vitesse de la lumière a été reconnue constante par Einstein, contrairement à tous les lieux, mouvements et vitesses, qui eux sont relatifs ; elle ne dépend pas du référentiel. C'est une constante naturelle universelle qui possède en tous lieux et dans tous les référentiels la même valeur : 299 792,458 km/s mesurée dans le vide. C'est une valeur absolue. Elle est le lien fondamental entre l'espace, le temps, la matière et l'énergie ; elle donne à l'ordre du monde une structure claire avec un enchaînement objectif entre cause et effet. En ce sens, la théorie de la relativité aurait pu s'appeler « théorie absolue ».

Allongement du temps, raccourcissement des longueurs et paradoxe des jumeaux

L'allongement, ou dilatation, du temps est l'une des conséquences les plus troublantes de la théorie de la relativité restreinte : pour des horloges déplacées rapidement, le temps s'écoule plus lentement que pour des horloges déplacées lentement, ou au repos.

« Une horloge qui se déplace à une vitesse v — mesurée depuis un système qui ne se déplace pas avec elle — scande le temps moins vite que la même horloge au repos. »

L'énorme dilatation du temps lors de déplacements approchant la vitesse de la lumière a entraîné des débats passionnés. Souvent, ce phénomène est illustré par le paradoxe des jumeaux (d'après une expérience de pensée de Paul Langevin de 1911) : lorsqu'il revient enfin sur sa planète, l'astronaute qui a traversé à grande vitesse le cosmos est beaucoup moins âgé que son jumeau resté sur Terre.

Temps allongé : dilatation du temps pour diverses vitesses relatives. Pour un observateur au repos, le temps d'un système en mouvement passe d'autant plus lentement que le système se déplace rapidement. Le temps propre correspondant reste toutefois toujours le même.

Vitesse en kilomètres par seconde (et en pourcentage de la vitesse de la lumière)	Durée d'une année pour un observateur au repos
0,03 pour une voiture	1 an
0,5 pour un avion	1 an + 0,000 03 seconde
40 pour une sonde spatiale	1 an + 0,3 seconde
30 000 (10 %)	1 an + 44 heures
150 000 (50 %)	1 an + 56,5 jours
270 000 (90 %)	2,3 années
297 000 (99 %)	7,1 années
299 700 (99,9 %)	22,2 années

Espace, temps et E = mc²

Supposons qu'un astronaute de 27 ans volant à 98 % de la vitesse de la lumière fasse l'aller-retour entre la Terre et l'étoile Véga, distante d'environ 25 années-lumière. À son retour, dix années se seront écoulées pour lui, il aura 37 ans – alors que son jumeau resté sur Terre aura déjà fêté ses 77 ans, et sera donc plus vieux de 40 ans que l'astronaute. Le temps passé à 98 % de la vitesse de la lumière dans le vaisseau spatial s'est écoulé beaucoup plus lentement que sur Terre (l'exemple a été simplifié : les phases chronophages d'accélération et de décélération ont été négligées). Cette différence d'âge est troublante, mais en fait bien mesurable – et les horloges atomiques l'ont d'ailleurs montré depuis les années 1970.

La dilatation du temps pourrait même en principe être utilisée pour voyager dans le futur : un astronaute volant à une vitesse fulgurante pourrait revenir sur Terre encore jeune, alors que son jumeau serait déjà un vieillard ou mort depuis longtemps. Retourner dans le passé en revanche serait bien sûr impossible. Et celui qui souhaiterait voyager un jour dans le futur devrait auparavant déposer sa déclaration d'impôts pour ne pas s'exposer à la terrible impatience du fisc !

La contraction des longueurs – également une conséquence de la vitesse constante de la lumière – est complémentaire de la dilatation du temps. La distance est en effet relative, tout comme le temps. Dans la direction du mouvement, toutes les unités de longueur raccourcissent d'un facteur égal à celui de la dilatation du temps.

Au quotidien, la contraction des longueurs est pratiquement insignifiante. À 100 km/h, elle comprime un mètre de seulement 0,000 000 000 004 millimètre. À 90 % de la vitesse de la lumière, elle raccourcit déjà toutefois un objet de 44 %.

Par exemple, un astronaute volant à 98 % de la vitesse de la lumière vers Véga sera cinq ans en déplacement et parcourra dans son référentiel une distance de 5 × 0,98 = 4,9 années-lumière – mais 25 années-lumière vues depuis la Terre.

La dilatation du temps et la contraction des longueurs sont des caractéristiques de l'espace-temps et non de la matière. La personne qui veut mincir ne peut se contenter de voler dans le cosmos à une vitesse proche de celle de la lumière en espérant que la contraction fasse disparaître son embonpoint. En 1911, Einstein s'efforce de dissiper les malentendus suscités parmi ses collègues spécialistes :

« La question de savoir si la contraction des longueurs persiste ou non est trompeuse. La contraction ne persiste pas "réellement", dans le sens où elle n'existe pas pour un observateur qui suit le même mouvement ; mais elle existe "réellement" si l'on considère qu'elle pourrait être en principe mesurée par les moyens de la physique pour un observateur qui ne suit pas le même mouvement. »

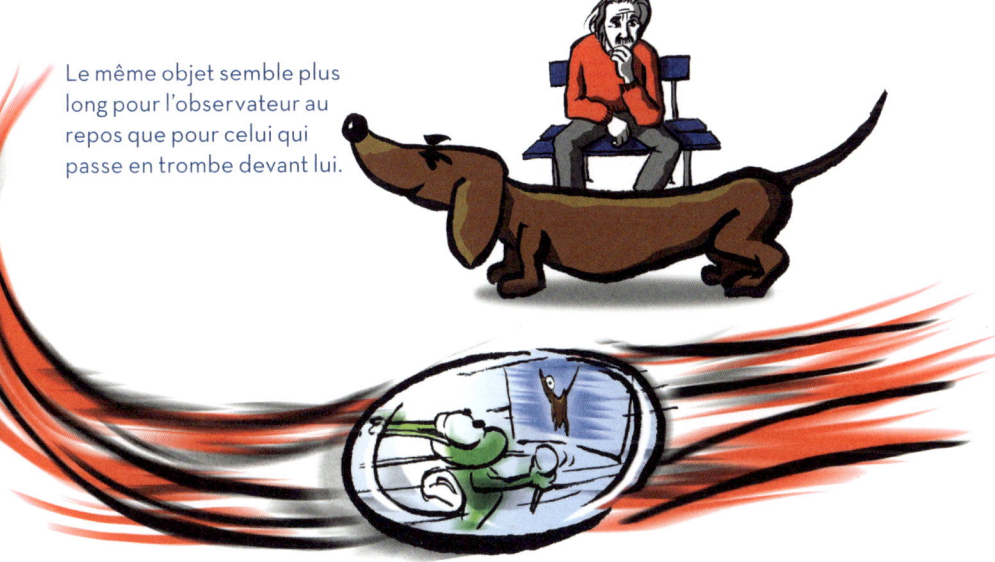

Le même objet semble plus long pour l'observateur au repos que pour celui qui passe en trombe devant lui.

Espace, temps et E = mc²

Mais ce n'est pas tout : le trajet décrit par un rayon lumineux, ou tout autre objet mobile, dépend de l'altitude de l'observateur et de la direction dans laquelle il se déplace. C'est le phénomène dit d'aberration relativiste. C'est pourquoi les lignes s'incurvent et les objets se bombent vers le milieu de l'horizon. On voit même apparaître des choses se trouvant sur les côtés ou derrière la position momentanée de l'observateur.

Même Einstein n'est pas conscient de cette conséquence de la théorie de la relativité restreinte. Les premiers travaux théoriques sur ce que l'on voit « vraiment » à cause de la contraction des longueurs paraissent en 1924 (Anton Lampa) et en 1959 (Roger Penrose et James Terrell). Cette loi n'est illustrée qu'à partir des années 1990 grâce à des simulations informatiques, dont celles de l'équipe de Hanns Ruder, de l'université de Tübingen.

L'aberration relativiste permet en quelque sorte de voir ce qu'il se passe au-delà du coin de la rue. Si un dé file à 95 % de la vitesse de la lumière devant un observateur au repos, cet objet lui semblera avoir pivoté de telle sorte qu'il pourra en partie le voir de derrière (image reposant sur des simulations informatiques).

La couleur et la luminosité d'un objet diffèrent totalement en mouvement rapide et au repos. Si l'on pouvait doubler le Soleil à une vitesse proche de la lumière, il serait d'abord d'un bleu éblouissant, puis blanc orangé, et semblerait une fois dépassé luire faiblement d'un rouge profond. Les ondes lumineuses qui approchent sont pour ainsi dire comprimées (et donc décalées dans les bleus à grande énergie), tandis que celles qui s'éloignent sont étirées (et donc à faible énergie et plus rouges). L'intensité du rayonnement s'accroit avec la diminution de la longueur d'onde.

Lorsque 1 + 1 ne font pas 2

Suivant la théorie de la relativité, 1 + 1 ne font pas forcément 2, tout au moins pas à des vitesses légèrement supérieures à celles autorisées par notre code de la route. Si, dans notre quotidien, la vitesse relative de deux objets s'obtient en additionnant leurs vitesses respectives, il n'en est pas ainsi à des vitesses proches de celle de la lumière. Autrement, le rayon laser tiré droit devant par un vaisseau spatial se déplaçant à une vitesse infraluminique devrait atteindre près du double de la vitesse de la lumière. Or la théorie de la relativité restreinte montre que ce n'est pas le cas : une nouvelle formule s'applique, à savoir la loi d'addition relativiste des vitesses. Le laser tiré par le vaisseau spatial atteint une vitesse bien inférieure (voir paragraphe suivant) à celle qu'il aurait d'après la loi valable sur Terre – et respecte donc le code de la route spatial !

Prenons un exemple de la loi d'addition relativiste des vitesses : supposons qu'un train (encore une fois en retard) roule à 200 km/h en direction de la gare centrale et qu'un voyageur cherche fébrilement le contrôleur à la vitesse de 5 km/h dans le sens de la marche du train.

La vitesse de ce voyageur mesurée par un observateur au repos sur le quai ne serait pas exactement de 200 + 5 = 205 km/h, mais de 205 km/h moins une vitesse infime (0,17 nanomètre par heure). Autrement dit, d'après le calcul relativiste, en une heure, le voyageur arriverait deux diamètres atomiques moins loin que par le calcul classique – un écart évidemment négligeable, qui ne risque pas de lui faire rater sa correspondance ! Mais les conséquences de la loi d'addition relativiste des vitesses sont bien plus grandes à des vitesses très élevées : un projectile tiré aux trois quarts de la vitesse de la lumière depuis une fusée aussi rapide n'atteindrait pas 1,5 fois la vitesse de la lumière, mais « seulement » 96 % de sa valeur (plus précisément, on n'a pas $v_{rel} = v_1 - v_2$, mais $v_{rel} = (v_1 - v_2)/(1 - (v_1 v_2/c^2))$, où v_{rel} est la vitesse relative, v_1 et v_2 les vitesses individuelles et c la vitesse de la lumière).

E = mc² — une unité cachée de la nature

Très rapidement après avoir finalisé la théorie de la relativité restreinte, Einstein découvre que celle-ci révèle un lien fondamental non seulement entre le temps et l'espace mais aussi entre la masse et l'énergie. En septembre 1905, le scientifique publie un article de trois pages dont il formule prudemment le titre sous forme de question : *L'Inertie d'un corps dépend-elle de l'énergie qu'il contient ?* Dans cet exposé, il montre qu'un objet émettant de l'énergie perd aussi de sa masse. À la fin de l'article, Einstein écrit :

« La masse d'un corps est une mesure de l'énergie qu'il contient. Il n'est pas exclu que la théorie puisse être vérifiée sur des corps dont le contenu en énergie est très variable. »

Cette découverte est d'une grande portée, contredisant – ou relativisant – l'idée courante d'une « conservation de la masse ». Dans une publication de 1907, Einstein résume ainsi les choses :

« Ce résultat est d'une importance exceptionnelle sur le plan théorique, car masse inertielle et énergie d'un système physique y apparaissent comme des entités semblables. »

Einstein vient de découvrir rien de moins qu'une unité jusqu'ici cachée. Il la quantifie par l'équation simple : $E = mc^2$. L'énergie E et la masse au repos m semblent quasiment les deux faces d'une même médaille, parce qu'elles sont mises en relation par le carré de la vitesse de la lumière c (c pour « constante » ou *celeritas*, « vitesse » en latin). La masse est donc tout simplement une certaine forme d'énergie : telle est la conséquence étonnante de la théorie de la relativité.

Énergies liée et libérée

Compte tenu de l'énorme facteur de conversion c^2, les échanges énergétiques du quotidien ne s'accompagnent que d'infimes modifications de masse, quasiment non mesurables. Si l'on élève par exemple de 10 °C la température d'un kilo d'or, sa masse ne s'accroît que de 14 milliardièmes de gramme – pas de quoi s'enrichir…

Les corps au repos contiennent toutefois une quantité gigantesque d'énergie. Une masse d'un gramme correspond à 25 millions de kW/h, ou à l'énergie chimique libérée par 2,15 millions de litres d'essence. La masse inertielle d'une brique d'un kilo pourrait en théorie alimenter une ampoule de 100 watts durant 30 millions d'années.
En pratique toutefois, cette énergie ne peut jamais être extraite.

L'énergie physique d'une masse d'un gramme correspond
à 25 millions de kW/h, ou à l'énergie libérée par
2,15 millions de litres d'essence. Pour stocker une telle
quantité de carburant, 10 000 fûts seraient nécessaires.

La formule d'Einstein montre par ailleurs que l'énergie de liaison maintenant protons et neutrons dans le noyau atomique contribue à la masse restante du noyau. C'est pourquoi la masse du noyau de l'atome est inférieure d'un peu moins de 1 % à la somme des masses de ses composants non liés. C'est sur ce principe que repose la production d'énergie par fusion (éléments plus légers que le fer) et fission (éléments plus lourds) nucléaire. Cette dernière permet de transformer environ 0,1 % de la masse en énergie exploitable, comme les centrales nucléaires le pratiquent chaque jour. Lors de la fusion de l'hydrogène en hélium, cette proportion atteint même environ 0,8 % de la masse. Cela dépasse considérablement l'énergie chimique de liaison entre électrons et noyau atomique. Ainsi, un atome d'hydrogène, composé d'un proton et d'un électron, possède seulement un 70 000 000e de masse en moins que la somme de ses composants.

La libération d'énergie par annihilation de matière et d'antimatière – et, à l'inverse, leur création à partir de l'énergie – est décrite par la formule $E = mc^2$. C'est la production d'énergie la plus efficiente qui soit : la transformation de 500 kg de matière et d'antimatière en énergie couvrirait en effet les besoins en électricité annuels du monde.

La signification bien réelle de la formule $E = mc^2$ apparaît en 1945 avec l'explosion des premières bombes nucléaires, dont Einstein a d'abord contribué à accélérer la construction (dans une lettre de 1939 au président Franklin D. Roosevelt) avant de la juger sévèrement et de la combattre. Alors que la formule d'Einstein n'est pas directement nécessaire pour construire les bombes, ces dernières confirment la théorie de la relativité restreinte de manière dévastatrice. Dans les deux explosions en effet, un gramme seulement d'uranium, puis de plutonium, a été converti en énergie explosive.

Processus inverse, la fusion de noyaux atomiques légers est aussi une énorme source d'énergie. Mais les réacteurs à fusion nucléaire élaborés à des fins pacifiques pour la production d'électricité ne sont pas pour demain, bien que la fusion nucléaire ait été pour la première fois libérée en 1952 à des fins destructrices par une bombe à hydrogène. La nature est bien en avance sur nous : le Soleil brille grâce à la fusion de l'hydrogène en hélium depuis 4,6 milliards d'années. En son centre, où la température atteint 15,7 millions de degrés, plus de 500 millions de tonnes d'hydrogène sont converties chaque seconde, et 4 millions environ transformés en énergie – ce qui couvrirait les besoins énergétiques de l'humanité pour un million d'années. Cette énergie provenant des rayonnements est gaspillée, car ne parviennent sur Terre en moyenne que 1 367 joules par seconde et mètre carré. Cela suffit toutefois à entretenir presque tous les processus vitaux. Conclusion : notre existence sur Terre est indissociable de la théorie de la relativité.

Les vols sidéraux à la vitesse de la lumière sont malheureusement impossibles

La théorie de la relativité restreinte a une autre conséquence : plus un objet se déplace rapidement, plus il a besoin d'énergie pour accélérer. Lorsque l'énergie et la masse inertielle sont équivalentes, la masse de l'objet doit également augmenter avec l'accélération. On distingue par conséquent la masse au repos d'un objet dans un référentiel donné et une « masse relativiste » qui augmente avec la vitesse. Un avion volant à près de 1 000 km/h est ainsi 0,000 000 000 1 % plus lourd qu'à son poste de stationnement.

L'augmentation de masse relative est un rabat-joie pour les passionnés de science-fiction, qui aimeraient expédier sans cesse des vaisseaux spatiaux dans la galaxie. L'énergie dépensée pour une accélération n'augmente en effet pas de façon linéaire, mais exponentielle.

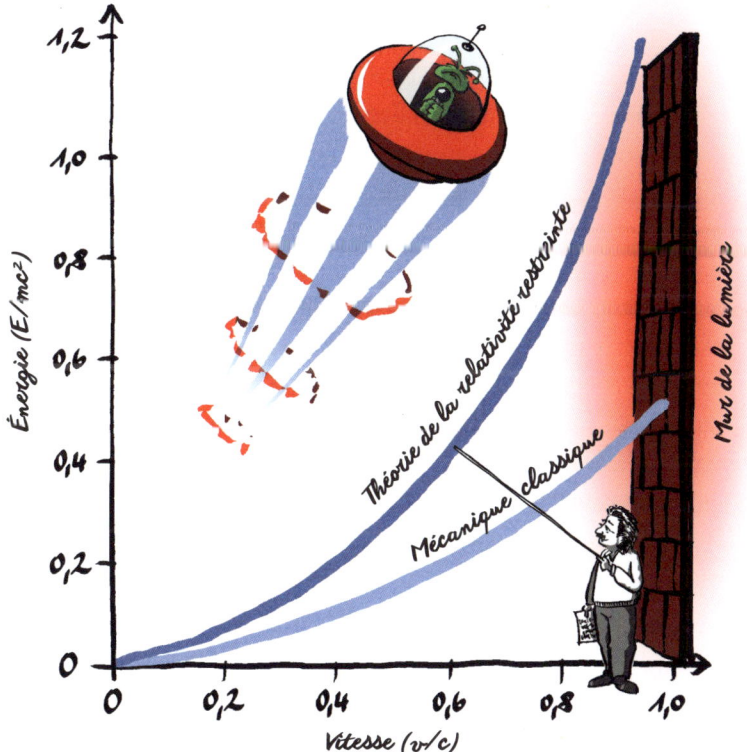

L'énergie cinétique E d'un corps de masse m dépend de sa vitesse v. Suivant la théorie de la relativité restreinte, E et m tendent vers l'infini lorsque le corps s'approche de la vitesse de la lumière c, de sorte qu'il ne peut jamais atteindre, voire dépasser, le « mur de la lumière ». La matière normale ne peut donc être accélérée à une vitesse supraluminique. Au quotidien, où s'applique assez bien la mécanique classique, l'augmentation de masse relativiste d'objets en mouvement est toutefois complètement négligeable.

Les corps ayant une masse au repos ne peuvent donc jamais être amenés à la vitesse de la lumière – ils deviendraient d'une masse telle qu'une énergie infinie serait nécessaire pour les déplacer.

Cela complique énormément les vols infraluminiques à travers la Voie lactée. Pour dépasser par exemple 99 % de la vitesse de la lumière, il faudrait, en plus de la charge utile de 1,25 tonne, emporter plus de 243 000 tonnes de carburant pour le décollage – et cela vaut uniquement pour une hypothétique fusée photonique, qui transforme tout le carburant en lumière et présente ainsi la vitesse d'écoulement la plus élevée possible pour la poussée. Par comparaison, les lanceurs Saturn 5, qui ont mis en orbite des hommes autour de la Lune, avaient une masse d'environ 2 700 tonnes.

Un astronaute pesant 80 kg chez lui dans son lit dépasserait 500 kg s'il évoluait à 99 % de la vitesse de la lumière dans le cosmos. Malgré tout, il ne se sentirait pas plus lourd, car ce n'est pas sa masse pesante qui augmente mais sa masse inertielle, qui s'oppose à l'accélération. Le fait que l'on se sente relativement lourd et indolent lorsqu'on traîne le matin dans son lit alors que le réveil sonne ne peut toutefois pas s'expliquer par la théorie de la relativité.

Quiz d'Einstein

1. Qu'a utilisé Einstein pour élaborer la théorie de la relativité restreinte ?
- [ ] a. La transformation de Lorentz
- [ ] b. La transformation de Galilée
- [ ] c. La géométrie non euclidienne

2. Que dit le principe de la relativité ?
- [ ] a. Tout est relatif.
- [ ] b. Les lois de la physique sont les mêmes dans tous les systèmes inertiels.
- [ ] c. La vitesse de la lumière dépend de l'observateur.

3. Que se passe-t-il lors d'une accélération ?
- [ ] a. La masse diminue (par rapport à la masse au repos).
- [ ] b. Le temps s'écoule plus lentement (par rapport à une horloge au repos).
- [ ] c. L'espace s'étend (par rapport à une règle au repos).

4. En quoi consiste la contraction des longueurs ?
- [ ] a. C'est la même chose que la transformation de Lorentz.
- [ ] b. Les étalons de longueur en mouvement semblent raccourcis.
- [ ] c. Le tic-tac des montres en mouvement est plus court.

5. Qu'a contredit la théorie de la relativité restreinte ?
- [ ] a. La constante de gravitation de Newton
- [ ] b. Le principe d'identité entre masse inerte et masse pesante de Newton
- [ ] c. L'idée de Newton selon laquelle l'espace et le temps sont absolus

Solutions : 1a, 2b, 3b, 4b, 5c.

L'espace-temps n'est pas une scène rigide et passive, mais plutôt un partenaire actif, car la gravitation et la géométrie sont liées, les masses modifiant tout et déviant les rayons lumineux de leur trajectoire.

Théorie de la relativité générale

GRAVITATION ET GÉOMÉTRIE

« À la lumière des connaissances acquises jusqu'ici, ce que l'on a atteint semble aller de soi et tout étudiant intelligent l'assimile sans grande difficulté. Mais la recherche pleine d'appréhension et d'incertitude des années durant, l'aspiration ardente, l'alternance entre confiance et abattement et l'accession finale à la vérité, seuls ceux qui les ont vécues peuvent savoir ce que c'est. »

Le jeudi 25 novembre 1915, au cœur de l'Europe qui se déchire au son des canons, Einstein remet un article de trois pages et demie intitulé *Équations du champ gravitationnel* [aujourd'hui connu sous l'appellation *Équation (du champ) d'Einstein*], pour une publication dans les *Rapports d'audience de l'Académie royale des sciences de Prusse*, où il travaille depuis un an et demi. Ce jour marque la conclusion fulgurante de huit années d'efforts, qui ont conduit le célèbre scientifique à la limite de ses capacités mentales et de sa santé. Ces équations décrivent le champ gravitationnel dans l'espace-temps courbe quadridimensionnel et sa dynamique complexe. Cet ensemble de formules mathématiques d'un nouveau genre forme la base de la théorie de la relativité générale qui, enfin dévoilée au monde scientifique après un long et douloureux accouchement, modifie pour toujours la compréhension de l'Univers et les fondements de la physique classique.

Effets de proximité et d'action à distance

La théorie de la relativité générale couronne des recherches ardues, jalonnées d'erreurs et d'errances, de tâtonnements dans l'incertitude, de détours, de blocages et de régressions, ainsi que d'erreurs de calcul diverses. Elle donne lieu à des alliances, des combats et même à une course de vitesse, David Hilbert, mathématicien de Göttingen, ayant presque « soufflé » le succès à Einstein.

L'élaboration de la théorie de la relativité générale débute en novembre 1907. Travaillant essentiellement au Bureau fédéral de la propriété intellectuelle de Berne, Einstein écrit un article de synthèse sur la théorie de la relativité restreinte, qui ne prend d'ailleurs pas en compte la gravitation. Ce qui plaçait le physicien depuis longtemps déjà devant un problème délicat a été le point de départ de ses réflexions. La loi de la gravitation universelle de Newton est une théorie d'action à distance : les forces agissent immédiatement, sans retard. Si un démon dérobait le Soleil dans l'Univers, la Terre, selon la loi de Newton, volerait instantanément en ligne droite et serait envahie par l'obscurité. Mais cette représentation est erronée. Il faudrait en réalité plus de huit minutes pour que nous, petits Terriens, remarquions la catastrophe. Le Soleil est en effet distant de plus de huit minutes-lumière (150 millions de kilomètres) de la Terre, sa troisième planète. La théorie de la relativité est une théorie de l'effet de proximité, comme celle de l'électromagnétisme de James Clerk Maxwell. La transmission d'énergie n'est pas instantanée, elle prend du temps – autant qu'il en faut à la lumière pour parcourir la distance appropriée (curieusement, les déplacements supraluminiques conduiraient dans le passé). Dans le cadre de la théorie de la relativité restreinte, Einstein montre qu'aucun corps dont la masse au repos est positive ne peut se déplacer plus vite que la lumière ; il ne l'atteindrait même pas, car il faudrait une énergie infinie.

Aussi est-il peu crédible que la gravitation agisse sans retard, comme l'affirme Newton.

« D'après la théorie de la relativité, il n'y a en effet aucun moyen naturel permettant d'envoyer des signaux à une vitesse supraluminique. Toutefois, il est clair que si l'on applique strictement la loi de Newton, nous pouvons utiliser la gravitation pour émettre des signaux momentanés d'un point A vers un lointain point B ; le mouvement d'une masse gravitant en A devrait en effet entraîner des modifications immédiates du champ gravitationnel en B. »

L'idée la plus heureuse de sa vie

Il n'est pas simple d'intégrer la gravitation dans la théorie de la relativité restreinte, car cela signifierait que le constat de Galilée, selon lequel deux corps tombent à la même vitesse quelle que soit leur composition, ne serait plus valable. Mais Einstein ne veux pas le remettre en question : « Si la théorie ne permet pas de le vérifier, ou pas de façon naturelle, elle doit être récusée », pense-t-il.

Puis lui vient une idée.

« J'étais assis dans mon fauteuil au Bureau fédéral de la propriété intellectuelle de Berne lorsque l'idée suivante m'est soudainement venue : si une personne est en chute libre, elle ne sent pas son propre poids. J'étais stupéfait. Cette simple idée m'a profondément impressionné. Elle m'a conduit sur la voie d'une théorie de la gravitation. »

Gravitation et géométrie

Avec son trait de génie au Bureau fédéral de la propriété intellectuelle de Berne, Einstein vient d'avoir « l'idée la plus heureuse de toute sa vie ». Rétrospectivement, il l'exprime ainsi en 1920 :

« Pour un observateur en chute libre du toit d'une maison, il n'existe — tout au moins dans son environnement immédiat — pas de champ gravitationnel. S'il laisse tomber d'autres corps, ils seront par rapport à lui en état de repos ou de mouvement uniforme. Aussi, la démonstration par l'expérience que tous les corps ont un même mouvement de chute libre s'effectuant avec la même accélération quelle que soit leur masse plaide-t-elle fortement pour que le postulat de la relativité soit également étendu à des systèmes de coordonnées qui ne sont pas en mouvement uniforme les uns par rapport aux autres. »

Einstein dépasse ainsi le domaine de validité de la théorie de la relativité restreinte. Elle est « restreinte » précisément dans le sens où elle ne décrit que certains systèmes de référence, à savoir les systèmes uniformes. Elle ne prend même pas en compte l'accélération et l'effet de la gravitation.

Une personne en chute libre est en apesanteur comme si elle était dans l'espace, loin de toute gravitation. Et l'attraction gravitationnelle sur une planète ne peut être distinguée de la « pression » de l'accélération dans une fusée, lorsque l'on se trouve dans un espace fermé et que l'on ne peut passer la tête par le hublot pour regarder dehors. Ce principe d'équivalence de l'accélération et de la gravitation — ou plus précisément de la masse inerte et pesante — s'est avéré une hypothèse décisive pour le développement de la théorie de la relativité générale.

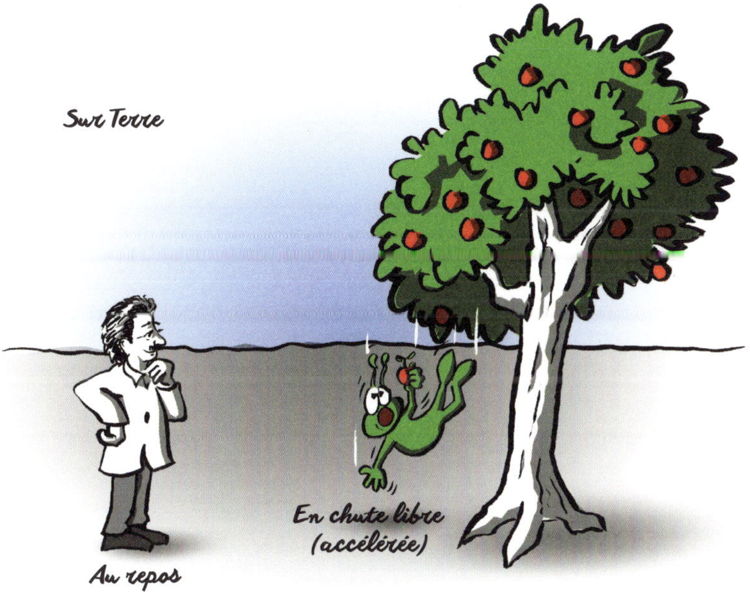
Sur Terre
En chute libre
(accélérée)
Au repos

Dans l'espace
Au repos
Lors de
l'accélération

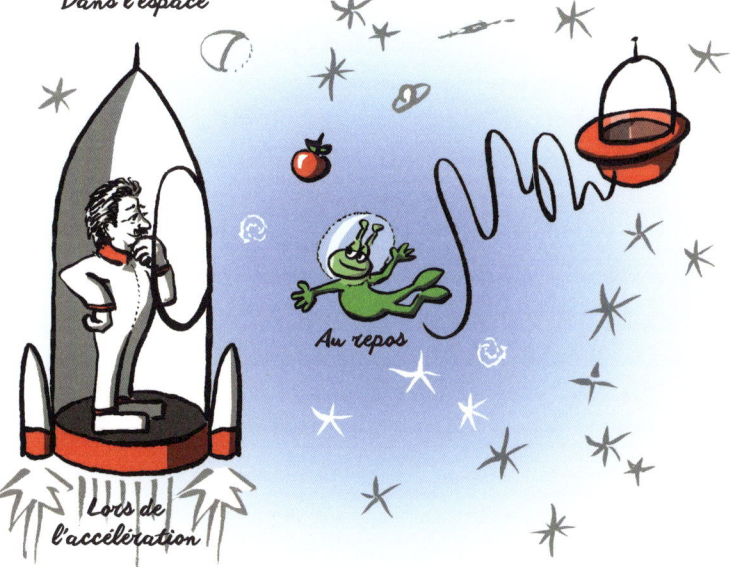

Qu'il existe un lien étroit entre ces phénomènes ou qu'il soit dans certaines conditions impossible de les différencier par leurs effets, telle est l'idée de base d'Einstein. Cela l'incite à formuler les deux postulats suivants :

– Le principe d'équivalence : masses inerte et pesante sont identiques (et ont donc la même valeur, comme le supposait Newton). La masse pesante dans le champ gravitationnel, mesurable par exemple avec un peson, et la masse inerte (ou inertielle) qui s'oppose à une accélération sont donc égales.

– L'universalité de la chute libre : la vitesse de chute est indépendante de la composition des corps (comme le supposait Galilée). Dans chaque référentiel en chute libre s'appliquent les mêmes lois physiques que dans les référentiels sans gravitation – comme dans la physique de la théorie de la relativité restreinte par conséquent. Une plume et un marteau tombent à la même vitesse dans le vide (comme l'a brillamment illustré l'astronaute David Scott en 1971 sur la Lune lors de la mission Apollo 15). On ne le remarque évidemment pas sur Terre au quotidien à cause de la résistance de l'air.

Selon le principe d'équivalence, un physicien enfermé dans une pièce ne pourrait déterminer si la tartine beurrée tombant sur le sol au petit déjeuner (côté beurré vers le bas, bien sûr…) le fait à cause de la pesanteur ou parce que la pièce est en réalité la cabine d'un vaisseau spatial accéléré de manière constante dans la direction opposée à la chute de la tartine. En raisonnant inversement, on aboutit au principe suivant : loin de toute source de gravitation, on est en apesanteur, et même en chute libre, comme lors des sauts depuis certaines « tours de chute » des fêtes foraines ou en parachute. Les astronautes gravitant autour de la Terre, par exemple dans la station spatiale internationale ISS, ne sont pas vraiment en apesanteur parce qu'ils se trouvent dans le cosmos. La gravitation de la Terre est encore très forte à 400 kilomètres d'altitude.

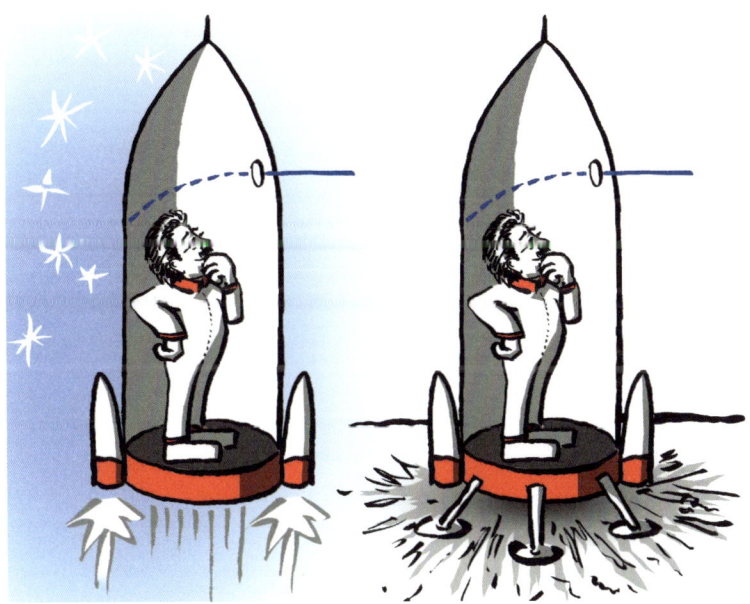

Un physicien mesurant un rayon lumineux courbe à bord d'une fusée ne peut pas connaître la cause de la courbure sans regarder par le hublot. L'effet est en fait le même, que la fusée en mouvement accélère ou qu'elle se trouve dans un champ gravitationnel. Ces réflexions conduisent Einstein à prédire la déviation d'un rayon lumineux dans un champ gravitationnel. Cette démonstration le rend mondialement célèbre en 1919.

Les astronautes flottent parce qu'ils se trouvent en chute libre permanente, et plus précisément en chute circulaire permanente, tout autour du globe.

Les années suivantes, Einstein reste ferme sur ces postulats. Le principe d'équivalence se révèle de fait la clé de la théorie de la relativité générale, grâce à laquelle le scientifique trouve enfin une explication subtile.

Einstein tire de ce principe une conclusion étonnante : la gravitation doit influencer les rayons lumineux ! D'une part, elle réduit leur fréquence (décalage vers le rouge), d'autre part, elle infléchit leur trajectoire à proximité d'un corps massif. Einstein est ainsi assez audacieux pour prédire deux nouveaux effets physiques : la déviation de la lumière et le ralentissement du temps par la gravité. Il juge ces effets toutefois bien trop faibles pour qu'ils puissent jamais être mesurés. Même si sa supposition est trop pessimiste, bien des années s'écouleront avant que l'on sache effectivement les vérifier.

L'espace-temps quadridimensionnel

Une conséquence importante de la théorie de la relativité restreinte échappe tout d'abord à Einstein. L'idée vient du mathématicien Hermann Minkowski, dont Einstein a autrefois suivi, ou dû suivre, les cours à l'École polytechnique de Zurich (en réalité, il les a souvent séchés).

Le 21 septembre 1908, Minkowski commence à Cologne un exposé avec emphase : « Les idées sur l'espace et le temps sont nées de la physique expérimentale. C'est là que réside leur force, leur tendance radicale. Désormais, l'espace et le temps en soi doivent complètement s'effacer et seule une sorte d'union entre les deux doit continuer d'exister. » C'est ce rassemblement qu'il nomme « espace-temps ». D'après Minkowski, la théorie de la relativité restreinte fait disparaître l'espace et le temps en tant que catégories absolues et autonomes, et le temps est fusionné comme une « quatrième dimension » avec les trois dimensions de l'espace pour former l'espace-temps.

Bien qu'Einstein rejette tout d'abord ces idées comme une « érudition superflue », il comprend rapidement qu'elles rendent possible la généralisation de sa théorie. Il les considère même par la suite comme allant presque de soi :

« Un frisson mystique saisit le non-mathématicien à l'écoute du terme "quadridimensionnel", un sentiment assez comparable à celui que suscite un fantôme au théâtre. Pourtant, il n'y a rien de plus banal que d'affirmer que notre bon vieux monde est un continuum à quatre dimensions dans l'espace et le temps. »

C'est seulement à partir de 1911, devenu professeur de physique à l'université de Prague, qu'Einstein peut développer ses idées et écrire plusieurs articles novateurs sur le principe d'équivalence et les champs gravitationnels statiques (ces derniers constituant un cas irréaliste extrêmement simplifié mais instructif). Pendant un moment, il évoque même la possibilité d'une vitesse variable de la lumière.

Stimulés par ses articles, des physiciens renommés se mettent au travail, en particulier Max Abraham, Gunnar Nordström et Gustav Mie. Cela donne lieu à une collaboration constructive – Einstein et Adriaan Fokker améliorent ainsi la théorie de Nordström –, mais aussi à de vives polémiques à travers des lettres, des conférences et des articles dans la littérature spécialisée. Einstein commente en 1914 :

« Je me réjouis que mes pairs veuillent bien s'intéresser à ma théorie, même si ce n'est pour l'instant que dans l'intention de la renverser. »

Les théories concurrentes finiront toutes par échouer l'une après l'autre à cause de contradictions logiques ou d'incompatibilité avec les données physiques.

Gravitation et géométrie

Du disque tournant à la courbure de l'Univers

Einstein procède de manière prudente, mûrement réfléchie et progressive. « Chaque pas est sacrément difficile », écrit-il en 1912 à son ami Michele Besso. Quelques mois plus tôt, il butait sur un problème conduisant à un tournant dans ses recherches. Grâce à l'expérience du disque tournant quasiment à la vitesse de la lumière imaginée par Max Born en 1909, Paul Ehrenfest met en évidence un paradoxe : le bord du disque doit être soumis à la contraction des longueurs (contraction de Lorenz), mais pas son rayon. La circonférence de ce disque relativiste ne peut être le produit de la constante π par le diamètre du disque, comme en géométrie euclidienne, celle-ci n'étant valable que dans le plan et des espaces plats, autrement dit non courbés.

Le disque doit être décrit dans une géométrie non euclidienne. Pour ce faire, il existe déjà un formalisme remontant à des mathématiciens tels que Carl Friedrich Gauss et son élève Bernhard Riemann. C'est cette conclusion que tirera le mathématicien Theodor Kaluza dès 1910, faisant valoir que la surface hypothétique doit présenter une courbure négative. Accélération et gravitation étant étroitement liées, conformément au principe d'équivalence, Einstein parvient à une conclusion radicale : le champ gravitationnel doit lui aussi être décrit par une géométrie non euclidienne et les masses doivent courber l'espace pour ainsi dire intérieurement. C'est une idée extrême et, dans le même temps, un pas décisif dans le développement de la théorie de la relativité générale.

Cela paraît très compliqué, et ça l'est effectivement, au point qu'Einstein n'aurait vraisemblablement pas pu en venir à bout seul. « Grossmann, aide-moi, sinon je deviens fou », aurait-il lancé à son ancien camarade d'études, Marcel Grossmann, pour lui demander conseil. Cet homme l'a jadis soutenu avec ses notes de cours minutieuses pour les examens à l'université et, plus tard, pour obtenir un poste au Bureau fédéral de la propriété intellectuelle de Berne. L'occasion est bonne, car en 1912 Einstein revient à son tour à Zurich. Frustré par l'administration démesurée de Prague (« cette putain de bureaucratie sans fin »), il accepte en effet un poste de professeur à l'École polytechnique fédérale de Zurich.

La chance est avec Einstein, car Grossmann y enseigne la géométrie depuis 1907.

En étudiant l'expérience de pensée du disque rigide tournant à une vitesse infraluminique (1), Paul Ehrenfest se trouve confronté à un paradoxe. La théorie de la relativité restreinte voudrait que son bord soit raccourci dans la direction du mouvement (contraction des longueurs) et que le temps à sa périphérie s'écoule moins vite (dilatation du temps) qu'en son centre. La contraction des longueurs ne s'exerçant pas selon le rayon, le diamètre était inchangé, mais la circonférence curieusement plus grande qu'indiquée par la mathématique euclidienne traditionnelle. Einstein en déduit l'idée d'un espace courbé par les masses (que l'équivalence entre accélération et gravitation de la théorie de la relativité générale permet de décrire dans une géométrie non euclidienne). Les secondes s'égrènent donc plus lentement dans le champ gravitationnel qu'en apesanteur. Le réveil placé au centre du disque dont émanent des forces centrifuges est en avance sur celui placé au bord (2). Les disques renflés décrits par la géométrie non euclidienne n'existent pas en réalité, mais ce paradoxe est résolu par la théorie de la relativité générale. Les écarts prévisibles sont mesurables grâce aux lignes spectrales des atomes : le temps s'écoule plus lentement pour ces « horloges atomiques » naturelles près du Soleil (3) que bien plus loin dans le champ gravitationnel solaire.

1. Disque tournant à accélération centripète

Principe d'équivalence

2. Disque à champ gravitationnel centrifuge

Valable par analogie pour chaque champ gravitationnel

3. Champ gravitationnel du Soleil

Gravitation et géométrie

Rapidement très enthousiaste, celui-ci aide considérablement Einstein à comprendre cette nouvelle mathématique très complexe. Il le familiarise avec les travaux de Bernhard Riemann, d'Elwin Christoffel et de Gregorio Ricci-Curbastro ainsi que de son assistant Tullio Levi-Civita. Ces savants ont introduit les concepts de variété et de métrique, de géométrie différentielle des espaces courbes et les fonctions mathématiques spéciales appelées tenseurs.

Tout cela s'avère indispensable à la caractérisation des champs gravitationnels dans le cadre de la géométrie non euclidienne.

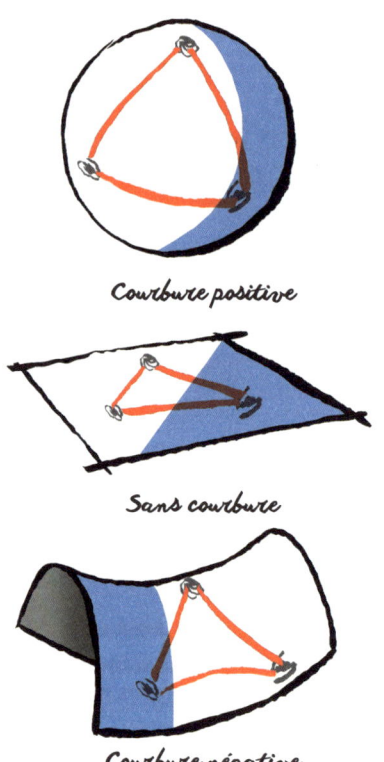

Courbure positive

Sans courbure

Courbure négative

Sur une surface plane et dans un espace plat, la géométrie classique s'applique. Les parallèles ne se coupent jamais et la somme des angles d'un triangle est de 180 degrés. Mais on peut imaginer des cas plus complexes : les géométries non euclidiennes. Si la surface – ou l'espace (avec une dimension de plus) – est courbée positivement, autrement dit sphérique, les parallèles se coupent et la somme des angles des triangles est supérieure à 180 degrés. Si la surface ou l'espace présentent une courbure négative, et sont donc hyperboliques, les parallèles s'écartent et la somme des angles d'un triangle est inférieure à 180 degrés. Ces possibilités s'appliquent non seulement aux mathématiques mais aussi à l'espace physique. Il faut concevoir ces courbures comme des phénomènes « intérieurs », il n'y a nul besoin de dimension supérieure dans laquelle intégrer les surfaces ou les espaces.

Pour Einstein, c'est un véritable casse-tête. Au physicien Arnold Sommerfeld il écrit ne « s'être, et de loin, jamais autant torturé » et qu'il « est envahi par un profond respect pour les mathématiques, dont il considérait jusqu'ici, dans sa grande naïveté, les parties plus subtiles comme du luxe pur ! Comparée à ces problèmes, la théorie de la relativité restreinte est un jeu d'enfants », Max Planck, qui lui rend visite en 1913, considère même cette entreprise vouée à l'échec : « En tant que vieil ami, je dois vous en dissuader, d'abord parce que vous ne réussirez pas ; et si vous réussissiez, personne ne vous croirait. »

Lignes directrices de la théorie de la relativité générale

Lorsque l'on tente de reconstruire la formulation de la théorie de la relativité générale comme une suite logique de la recherche, on voit qu'elle s'articule sur plusieurs postulats. Ceux-ci sont de types différents et reposent en partie sur des décisions que les collèges de recherche ne partageaient d'abord pas tous.

Principe d'équivalence : masse inertielle et masse pesante ont la même valeur ; des corps différents tombent à la même vitesse dans le vide.

Principe de correspondance : dans ses prédictions et descriptions, la théorie de la relativité générale doit rejoindre la théorie de la gravitation de Newton, en la prenant comme cas limite pour les champs gravitationnels faibles et les vitesses peu élevées. Pour ce genre de conditions en effet (mouvements balistiques et orbites planétaires, par exemple), la loi sur la gravitation de Newton a brillamment fait ses preuves depuis le XVIIe siècle.

Lois de conservation : l'énergie et la quantité de mouvement présentes dans un système fermé sont constantes. Ces valeurs de conservation physique ne peuvent ni surgir du néant, ni disparaître.

Covariance (principe de la relativité étendue) : les équations de champ de la gravitation doivent être les mêmes dans tous les systèmes de coordonnées, et donc rester inchangées lors de conversions d'un système dans un autre. Dans ce sens, la théorie de la relativité restreinte est généralisée pour les systèmes accélérés, y compris par la gravitation.

Empirisme : comme toute théorie scientifique exploitable, celle de la relativité générale doit coïncider avec les résultats des observations et expérimentations de son champ d'application. Elle doit ainsi, d'une part, prédire les résultats de mesure de phénomènes encore jamais observés, et pour lesquels la théorie de Newton ne donne pas de solution ou une réponse différente ; elle doit, d'autre part, pouvoir expliquer des données encore incomprises.

Ces lignes directrices aident considérablement Einstein à s'orienter au moment d'élaborer la théorie de la relativité générale. C'est du moins ce que l'on peut dire de manière rétrospective. Hormis certaines mesures réellement précises pour conforter le principe d'équivalence, l'empirisme ne joue en fait d'abord guère de rôle ; il s'avère important seulement à la fin du processus de recherche, avec l'explication réussie d'une particularité de l'orbite de la planète Mercure.

De la voie royale à l'impasse

Marcel Grossmann aide Einstein non seulement avec les bases mathématiques, mais aussi au sujet des équations du champ gravitationnel. En mai 1913, ils accomplissent ensemble de gros progrès et résument leurs résultats dans un petit écrit, prudemment intitulé : *Projet d'une théorie de la relativité généralisée et d'une théorie de la gravitation.* Cet article contient déjà les plus importants éléments conceptuels et mathématiques de la théorie de la relativité générale définitive.

Einstein et Grossmann ne sont toutefois pas complètement satisfaits. Outre une « incontestable complexité » se posent plusieurs problèmes. Ainsi, les systèmes en rotation ne peuvent, dans la théorie en projet, être traités comme ceux au repos – l'objectif ambitieux de covariance (indépendance des coordonnées) des équations visé par Einstein n'est donc pas complètement atteint. Le scientifique affirme certes que ce « détestable point noir » est tolérable – qualifiant même l'exigence de covariance d'« obstacle » – et tente de démontrer qu'elle n'est pas du tout réalisable. Mais ses arguments, qui se révéleront erronés, retardent de plus de deux ans le pas décisif vers la bonne théorie. Einstein n'en continue pas moins de travailler sans se décourager ni perdre confiance :

« La nature ne nous montre que la queue du lion. Mais dans mon esprit, son existence ne fait aucun doute, même s'il ne peut se révéler au monde d'un seul coup, à cause de sa considérable carrure. Nous le voyons seulement comme le voit un pou posé sur sa peau. »

En mai 1914 paraît le dernier travail commun avec Grossmann. Le 6 avril 1914, Einstein rentre en effet à Berlin en tant qu'« académicien sans aucun engagement que ce soit, quasiment comme une momie vivante », écrit-il à son ancien collaborateur Jakob Laub, lui expliquant qu'il est nommé membre de l'Académie royale des sciences de Prusse, où il n'a plus à donner de cours ni d'étudiants à diriger. Mais les débuts sont difficiles.

De sa perspective de pou, il est incroyablement difficile pour Einstein d'avoir une vue d'ensemble de la théorie de la relativité.

La vie d'Einstein sera alors bouleversée sous deux aspects. Du point de vue de sa vie privée, son mariage avec Mileva est définitivement brisé. Puis, fin juillet, la Grande Guerre éclate. Elle l'accable considérablement et fait du savant retiré un personnage public, à qui l'on demande son avis sur de nombreux thèmes sans rapport avec les sciences. Dans des articles de journaux, des réunions politiques ainsi que dans des cercles pacifistes, Einstein s'insurge avec véhémence et courage contre le nationalisme fanatique, qu'il considère comme « une maladie infantile », la « rougeole de la race humaine ». Il s'investira plus tard pour la création d'une démocratie mondiale. Tout sentiment patriotique lui est étranger. En 1915, il écrit :

« L'État dont je suis citoyen ne joue pas le moindre rôle dans ma vie affective ; je considère l'appartenance à mon État comme une affaire commerciale, du type de la relation avec une assurance-vie. »

Einstein travaille fiévreusement et révise maintes fois ses résultats. « C'est commode avec Einstein. Chaque année, il réfute ce qu'il a écrit l'année précédente », constate-il avec autodérision dans une lettre à Ehrenfest. En novembre 1914, il publie une vaste étude intitulée *La base formelle de la théorie de la relativité générale*. Elle comprend entre autres une dérivée des équations de champ formulées avec Grossmann, mais avec une erreur.

Fin juin 1915, Einstein se rend une semaine à Göttingen présenter à l'université l'état actuel de ses efforts. Il est invité par David Hilbert, professeur de mathématiques dans cet établissement et l'un des savants les plus célèbres dans son domaine. Hilbert tente alors à son tour de trouver les équations de champ appropriées, et manque de devancer Einstein.

Au plus tard début novembre, le sublime édifice de la théorie en projet s'écroule avec fracas. Frustré, Einstein finit par récuser l'approche tout entière et à la qualifier de « funeste préjugé ». La réunion malencontreuse de plusieurs facteurs fausse son jugement.

« Les égarements du théoricien sont de deux types :
1) le diable le mène par le bout du nez avec une hypothèse erronée (il mérite alors de la compassion) ;
2) son argumentation est erronée et désordonnée (il mérite alors des coups). »

Aussi Einstein écrit-il dès janvier 1915 à Lorentz en lui demandant d'être compréhensif. Entre-temps, il comprend le grave malentendu dont Grossmann et lui-même ont été victimes : ils ont mal évalué la nature des champs gravitationnels statiques (les interprétant comme euclidiens) et trop tôt abandonné la covariance générale des équations. S'ils n'avaient alors pour ainsi dire pas pris la mauvaise bifurcation sur les voies du calcul, ils auraient emprunté la voie royale conduisant aux équations de champ. En effet, Einstein avait dès 1912 – comme l'indique son carnet de notes de l'époque – trouvé les équations correctes sous forme simplifiée, sans toutefois les identifier comme telles.

La percée

À l'automne 1915, Einstein repart de zéro, reprenant les travaux préparatoires de 1912 et 1913. Les choses s'accélèrent alors. En novembre, il remet une contribution pour les rapports de séance de son académie.

Durant ce même mois d'efforts insensés le conduisant au bord de l'épuisement, Einstein cisèle à partir des ruines des anciennes tentatives un nouvel édifice, au-dessus de l'entrée duquel devaient trôner les équations de champ. Leur validité est telle qu'elles ont perduré jusqu'à aujourd'hui et elles figurent dans tout bon traité de physique (le plus souvent toutefois suivant un formalisme plus moderne).

Le premier travail, remis pour publication le 4 novembre, porte un titre simple : *De la théorie de la relativité générale*. Einstein admet dès la première page son « erreur » concernant les équations jusqu'alors proposées ; il revient sur son hypothèse de départ selon laquelle les

De nombreuses voies s'ouvrent à lui — il les emprunte toutes, bien qu'une seule soit la bonne.

Gravitation et géométrie

lois naturelles ont la même forme dans tous les systèmes de coordonnées et propose de nouvelles équations répondant à ces critères.

Mais cette nouvelle théorie présente toujours des manques, comme Einstein s'en aperçoit bien vite. Dans un premier temps, le 11 novembre, il essaie, dans un court addendum au précédent article, de montrer que « par l'introduction d'une hypothèse, toutefois audacieuse, sur la structure de la matière, on peut parvenir à une architecture logique encore plus cohérente de la théorie ». Bien qu'il ait laissé tomber cette approche dès les semaines suivantes, elle lui donne une idée pour développer son formalisme et élaborer de nouvelles équations.

L'article suivant paraît le 18 novembre. C'est, durant ce mois, le seul qu'Einstein ait présenté lors d'une conférence – vraisemblablement dans l'espoir d'éveiller l'intérêt des astronomes et d'établir le lien entre sa théorie et leurs observations. Le titre du papier (qui compte d'ailleurs huit fautes d'orthographe dans les formules, signe de la pression des délais) donnait dans le sensationnel : *Explication de l'avance du périhélie de Mercure par la théorie de la relativité générale*.

Le périhélie est le point de l'orbite elliptique d'une planète le plus proche du Soleil. Pour Mercure, les astronomes avaient remarqué au XIXe siècle que ce point se décalait lentement, les ellipses décrivant avec le temps quasiment une rosette dans l'espace. Le périhélie de Mercure se déplace de 574 secondes d'arc par siècle. Ce phénomène repose en grande partie sur l'effet gravitationnel des autres planètes du système solaire, et surtout sur l'attraction « perturbatrice » de Vénus et Jupiter. Mais cela n'explique pas le faible déplacement de 43 secondes d'arc (environ 1/80e de degré) par siècle. Toutes les tentatives d'explication ont échoué. Aussi a-t-on supposé que cela tenait à l'existence d'une planète inconnue sur l'orbite de Mercure, sans jamais la trouver, ou à une possible ceinture de planétoïdes ou de poussière, ou encore à l'aplatissement du Soleil.

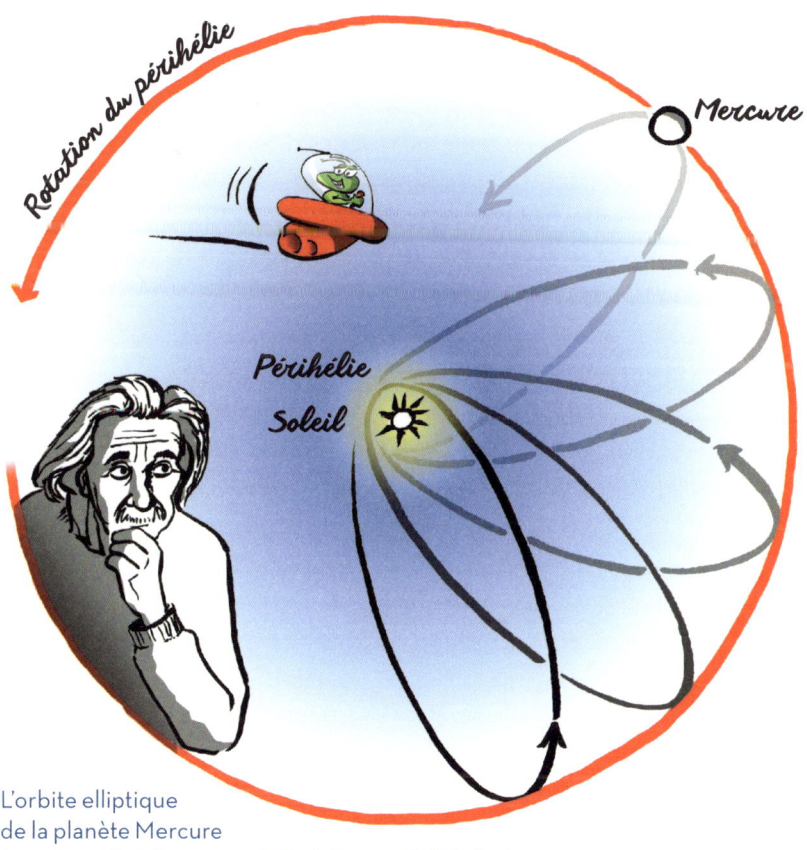

L'orbite elliptique
de la planète Mercure
(représentée ici avec une taille très exagérée) n'est pas
fermée. En effet, son périhélie, point le plus proche
du Soleil, se déplace lentement autour de l'étoile.
C'est seulement grâce à Einstein que l'on a pu
comprendre totalement ce phénomène.

Einstein suggère dès 1907 que l'orbite de Mercure peut convenir comme cas-type dans la généralisation de la théorie de la relativité et tente, en vain, de le démontrer en 1913 avec Michele Besso, grâce à leur théorie encore embryonnaire.

Gravitation et géométrie

En novembre 1915, quand Einstein refait ses calculs avec les nouvelles équations de champ, il obtient la bonne valeur. Les équations ne sont certes pas finalisées, comme il le reconnaît à peine quelques jours plus tard, mais cette carence ne se répercute pas sur le résultat. Einstein considère sa nouvelle théorie en « totale correspondance » avec les mesures astronomiques. Cela fait d'ailleurs réfléchir les sceptiques comme Max Planck. Pensant aux résultats de ses calculs sur Mercure, Einstein déclare : « Je suis resté quelques jours sidéré tant la joie m'exaltait. » Et il écrit à Sommerfeld : « C'est la découverte la plus heureuse de toute ma vie. » L'excitation entraîne même chez lui des palpitations cardiaques.

Le 25 novembre, il clôture son tour de force intellectuel en remettant à l'Académie royale des sciences de Prusse *Les équations du champ gravitationnel*, un article complétant la précédente version des équations. « La théorie de la relativité générale est enfin achevée en tant que construction logique », déclare-il, triomphant, dans le dernier paragraphe. Il souligne que toute loi compatible avec la théorie de la relativité restreinte peut « être rattachée » à celle de la relativité générale. Cette dernière n'est donc pas seulement une théorie décrivant la gravitation, mais aussi un cadre pour d'autres lois physiques (comme l'électrodynamique), comme avant elle la théorie de la relativité restreinte pour le cas particulier des systèmes de référence en mouvement uniforme. « Mes rêves les plus ambitieux se sont réalisés », écrit le célèbre scientifique à Michele Besso le 10 décembre. Les dernières erreurs sont corrigées. Jusqu'à la première présentation générale, publiée en 1916 dans *Les Annales de la physique*, Einstein rédige, dans une sorte de tourbillon intellectuel, une dizaine d'articles sur la gravitation en revenant à chaque fois sur les conclusions de l'article précédent.

« J'ai connu au cours du dernier mois l'une des périodes les plus passionnantes et épuisantes, mais aussi les plus fécondes de ma vie », déclare le 28 novembre le savant épuisé dans une lettre à Sommerfeld, en revenant sur les tortures endurées. Le 8 février 1916, il lui écrit : « Vous serez convaincu par la théorie de la relativité générale lorsque vous l'aurez étudiée. C'est pourquoi je ne dirai rien pour la défendre à vos yeux. »

La théorie de la relativité générale en une ligne

Les équations du champ gravitationnel, qui décrivent en principe l'Univers dans son ensemble, rentrent très facilement sur un tee-shirt :

Gravitation et géométrie

Certes, cela a été un peu bidouillé. Avec les indices μ et υ en effet, les quatre coordonnées de l'espace-temps (soit 1, 2, 3 ou 4), il y aurait en fait seize équations. Mais six d'entre elles s'annulent par symétrie, de sorte qu'il n'en reste que dix. Pour des raisons de clarté, il est alors aisé de les réduire mathématiquement.

La personne portant la formule sur un tee-shirt pourra probablement très vite engager la conversation avec des gens intéressants dans le tramway ou à une fête. Peut-être le vêtement suscitera-t-il de la curiosité et des questions. Quelle chance alors que le travail de longue haleine d'Einstein puisse s'expliquer en une ligne, à savoir : les équations du champ gravitationnel relient le tenseur énergie-impulsion $T_{\mu\nu}$ avec la courbure de l'espace-temps quadridimensionnel, qui est décrit par le tenseur de Ricci $R_{\mu\nu}$, la courbure scalaire R et le tenseur métrique $g_{\mu\nu}$ (c est la vitesse de la lumière dans le vide, G la constante de gravitation et π la constante 3,1415…).

C'est clair pour vous ? Pas vraiment ? Alors voyons cela d'une autre manière : les équations relient mathématiquement l'espace-temps avec la matière et l'énergie. Le terme à gauche de l'équation, caractérisé par la géométrie non euclidienne, exprime la courbure de l'espace-temps. À droite du symbole d'égalité figurent les grandeurs matérielles telles que la densité, la pression, la tension et la charge ; $T_{\mu\nu}$ décrit donc la source du champ gravitationnel. Einstein considérait du reste le terme de gauche comme plus important, le comparant avec le « marbre », le terme à droite étant au contraire assimilé à du « bois » (il n'existait alors encore aucune théorie probante sur la matière).

L'espace et le temps ne forment donc pas la scène passive des événements ; ils sont au contraire influencés par les corps et même par le rayonnement – et vice-versa. C'est pourquoi la gravitation est une caractéristique de la géométrie spatiale, une conséquence de l'espace-temps courbé par les masses.

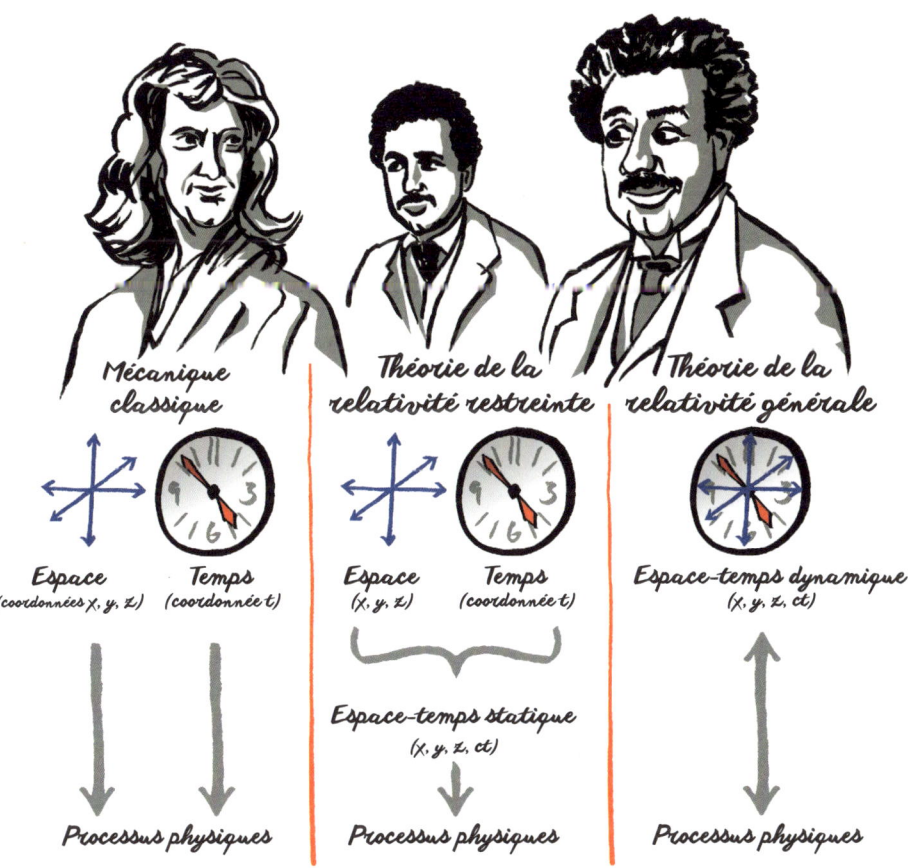

Les rapports entre les concepts fondamentaux du monde ont évolué. En 1887, Isaac Newton se représentait l'Univers avec un espace et un temps infinis, passifs et absolus. Einstein découvre en 1905 le lien étroit entre l'espace et le temps ainsi que leur relativité (contraction des longueurs et dilatation du temps). En 1915, il comprend le rôle actif de l'espace-temps, qui interagit avec la matière et l'énergie et, ce faisant « se courbe ». À la suite de quoi, une multitude de modèles cosmologiques sont développés, l'espace et le temps pouvant, selon le cas, être finis ou infinis, et l'espace se contracter ou s'étendre.

Car la masse ralentit le temps (par rapport au référentiel à plus faible gravitation), déforme l'espace et incurve les rayons lumineux. Le champ gravitationnel n'est en quelque sorte pas étendu dans l'espace, il est plutôt l'espace lui-même ou l'une de ses caractéristiques.

Dans la théorie de la relativité générale, gravitation et géométrie de l'espace-temps sont donc intimement liées. Et l'espace-temps n'est ni rigide ni totalement épargné par ce qui s'y déroule, il interagit au contraire avec les événements. Il leur a même donné naissance (Big Bang) et peut à nouveau les engloutir (trous noirs), comme cela apparaît seulement quelques dizaines d'années plus tard. Les événements de l'espace-temps doivent aussi, pour ainsi dire, épouser sa forme. « L'espace-temps dit à la matière comment elle doit se déplacer et la matière dit à l'espace-temps comment il doit s'incurver », souligne un jour avec poésie le physicien John Wheeler.

Avec la publication sur les équations du champ gravitationnel, Einstein pose le principal jalon de la théorie de la relativité générale. Mais ce n'est encore nullement sa clé de voûte. En fait, le vrai travail ne fait que commencer.

De nombreuses questions restent en suspens : quelles sont les équations du mouvement pour les corps dans le champ gravitationnel ? Quelle est leur solution ? Quelles sont les conditions aux limites locales et cosmiques ? Quels sont les conséquences, les nouveaux effets et même les éventuelles applications ? Comment les affirmations et conclusions peuvent-elles être vérifiées ? Où sont les limites de la théorie ? Que faudrait-il pour dépasser ces dernières ? Que signifie la théorie de la relativité dans le contexte plus large de la physique ? Quelles conséquences cela a-t-il sur la représentation scientifique et philosophique du monde ? Et surtout : la théorie concorde-t-elle vraiment avec les observations et les expériences scientifiques ? Si quelques-unes de ces questions trouvent rapidement une réponse, la plupart préoccupent toujours les chercheurs aujourd'hui.

Quiz d'Einstein

1. Que voulait faire Einstein avec la théorie de la relativité générale ?
- [ ] a. Expliquer les mouvements uniformes
- [ ] b. Identifier la masse et l'énergie
- [ ] c. Décrire la gravitation et l'accélération

2. Quel a été le point de départ de la théorie de la relativité générale ?
- [ ] a. Le principe d'équivalence entre la masse inertielle et pesante
- [ ] b. Le principe de la relativité des systèmes de référence non accélérés
- [ ] c. Le principe de la constance de la vitesse de la lumière

3. De quoi Einstein a-t-il eu besoin pour bâtir la théorie de la relativité générale ?
- [ ] a. De gentils collègues dans un bureau paysagé
- [ ] b. Des découvertes astronomiques les plus récentes
- [ ] c. De la géométrie non euclidienne

4. Dans un champ gravitationnel, les horloges vont…
- [ ] a. …plus lentement.
- [ ] b. …plus rapidement.
- [ ] c. …plus rapidement lorsqu'elles sont accélérées.

5. Pourquoi Einstein a-t-il eu besoin de l'aide de Grossmann ?
- [ ] a. Pour expliquer le disque tournant relativiste
- [ ] b. Pour apprendre la géométrie différentielle des espaces courbes
- [ ] c. Pour démontrer la covariance des équations

Solutions : 1c, 2a, 3c, 4a, 5b

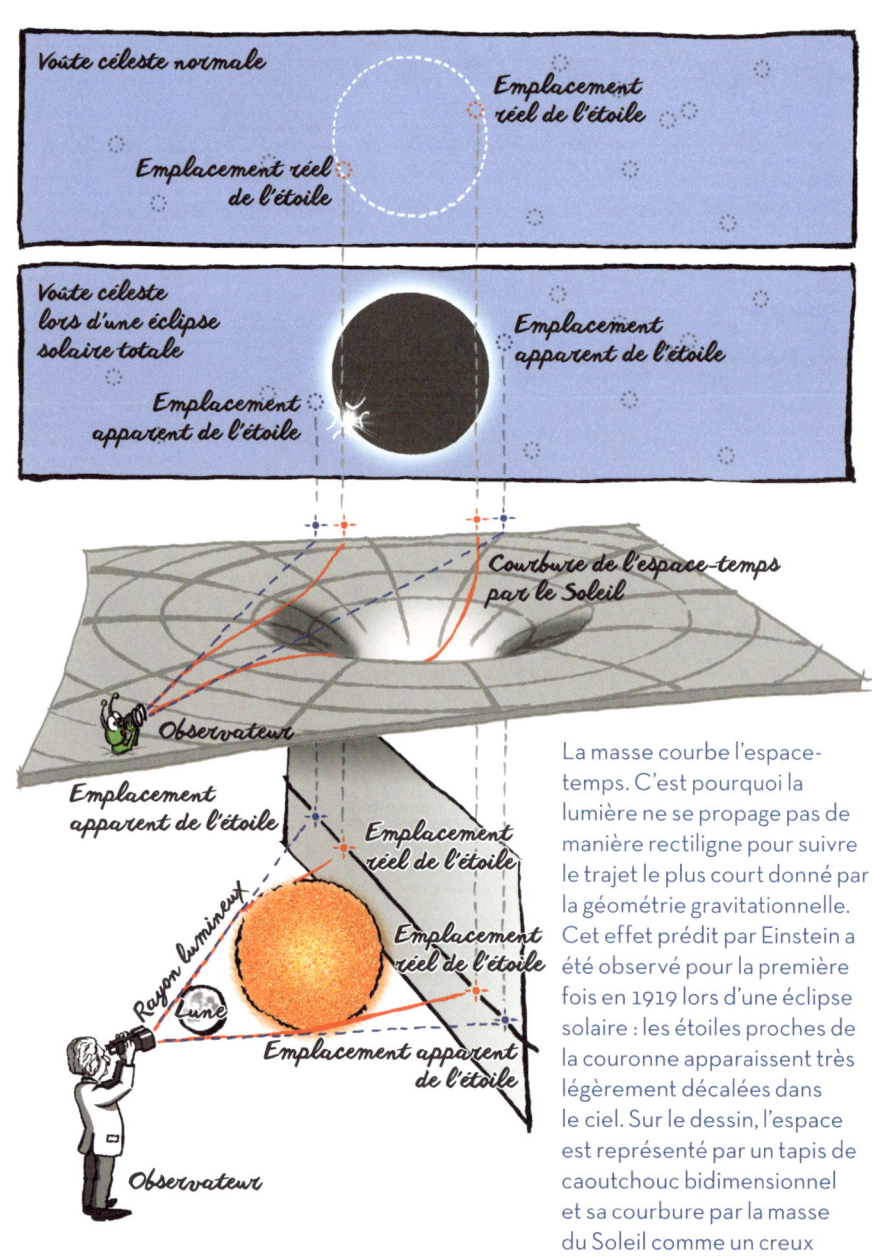

La masse courbe l'espace-temps. C'est pourquoi la lumière ne se propage pas de manière rectiligne pour suivre le trajet le plus court donné par la géométrie gravitationnelle. Cet effet prédit par Einstein a été observé pour la première fois en 1919 lors d'une éclipse solaire : les étoiles proches de la couronne apparaissent très légèrement décalées dans le ciel. Sur le dessin, l'espace est représenté par un tapis de caoutchouc bidimensionnel et sa courbure par la masse du Soleil comme un creux à l'intérieur du tapis.

EINSTEIN
AU BANC D'ESSAI

« Jusqu'ici, la théorie de la relativité générale résiste à toutes les expériences, mais des vérifications dans de nouveaux domaines sont en vue. Savoir si elle y survivra est pour les uns une question spéculative, pour d'autres un vœu pieux et pour d'autres encore un credo absolu. »

Même dans ses rêves les plus ambitieux, Einstein n'aurait pu imaginer combien la théorie de la relativité serait brillamment confirmée. Des applications pratiques lui paraissent totalement irréalistes et il pense que « les écarts escomptés » entre sa théorie et celle de Newton « seraient trop faibles pour pouvoir faire une différence dans la mesure de la surface de la Terre ». Il place plutôt ses espoirs sur les mesures en astronomie. Celles-ci, mais aussi des expérimentations terrestres, confirment brillamment sa théorie – avec parfois une précision au trilliardième. Sur des échelles de 0,001 millimètre à 100 millions de kilomètres, elle fait parfaitement ses preuves (sur les échelles plus petites, galactiques ou cosmiques, le suspense continue). On peut même mesurer d'infimes « rides » de l'espace-temps. Aujourd'hui, la théorie de la relativité est utilisée dans la vie de tous les jours : sans elle, il n'y aurait pas de système de navigation par satellite, grâce auxquels nous pouvons localiser n'importe quel endroit sur Terre, ni de détermination altimétrique, les deux techniques donnant des informations de l'ordre du centimètre.

L'Univers caché

La théorie de la relativité a non seulement dépassé les limites de la connaissance, mais a aussi franchi les frontières de pays aux politiques étriquées et d'autant plus dangereuses, comme il apparaît clairement durant l'entre-deux-guerres : c'est en effet dans l'Allemagne nationaliste que la loi de la gravitation d'Isaac Newton connaît sa chute. Mais c'est un Anglais (relevé de ses obligations militaires grâce à ses convictions pacifistes), Arthur Stanley Eddington qui, depuis l'université de Cambridge, fait connaître au monde entier la nouvelle théorie venue de Berlin, et qui contribue à sa première triomphale confirmation.

Einstein calcule dès 1911 que les rayons lumineux d'étoiles lointaines frôlant la couronne solaire sont courbés par l'attraction du Soleil, et le scientifique prédit un angle de déviation de 0,875 seconde d'arc – une valeur infime, une seconde d'arc correspondant à 0,026 millimètre sur la plaque de verre photographique d'un télescope comme celui d'Eddington. En 1913, alors qu'Einstein demande à l'astronome George Ellery Hale si cela peut être vérifié de jour, celui-ci ne lui laisse aucun espoir : la luminosité du Soleil éclipse en effet tout.

L'astronome Erwin Freundlich – fervent partisan de la théorie de la relativité, en étroite relation épistolaire avec Einstein – souhaite alors mesurer la déviation de la lumière durant l'éclipse solaire totale du 21 août 1914. Au lendemain d'un conflit planétaire, l'équipe est faite prisonnière durant son expédition en Crimée et son équipement confisqué. Un groupe de Britanniques dirigé par William Wallace Campbell, étant quant à lui sorti sans dommage du conflit, n'a pas pu prendre de clichés à cause d'une épaisse couche de nuages au sud de Kiev. Ces échecs ont en fait été une chance pour Einstein.

En effet, c'est seulement dans un article du 18 novembre 1915, peu avant de finaliser sa théorie, qu'il s'aperçoit que la déviation des rayons lumineux liée à la courbure de l'espace-temps doit être deux fois supérieure à ce qu'il avait prévu. Avantage accessoire : elle est donc un peu plus facile à mesurer.

« Un rayon lumineux est incurvé de 1,7 seconde d'arc lorsqu'il passe devant le Soleil, et d'environ 0,02 seconde d'arc lorsqu'il passe devant Jupiter. »

En 1917, Eddington décide de vérifier la prédiction d'Einstein à l'occasion de l'éclipse de Soleil totale du 29 mai 1919. Depuis l'île Principe, au large de la Guinée espagnole, il photographie le ciel et détermine la position des étoiles proches du Soleil. La même expérience est tentée en parallèle à Sobral, dans le nord du Brésil, par l'expédition d'Andrew Crommelin, depuis l'Observatoire royal de Greenwich.

Par rapport aux clichés de comparaison pris de nuit quelques mois plus tôt, la déviation mesurée en bordure du Soleil masqué par la Lune est, de fait, non seulement conforme à la prédiction d'Einstein, mais aussi bien plus grande que ne le voulait la loi de la gravitation de Newton. Le 6 novembre 1919, les astronomes annoncent leur découverte lors d'une réunion de la Société royale d'astronomie. « Ce résultat est l'une des plus grandes conquêtes de l'esprit humain », commente le président de séance Joseph John Thomson.

Le 7 novembre 1919, lorsque le *Times* rend compte à Londres en détail de l'événement sous le titre *Révolution dans les sciences*, Einstein devient une star presque du jour au lendemain. Cela se confirme outre-Atlantique, lorsque le *New York Times* annonce le 10 novembre de façon ambigüe : « La lumière va de travers dans le ciel. Triomphe de la théorie d'Einstein. »

Le 14 décembre, le *Berliner Illustrierte Zeitung* déclare : « Un nouveau grand homme dans l'histoire du monde » et publie en couverture un grand portrait d'Einstein, le mettant sur un pied d'égalité avec Copernic, Kepler et Newton. Sa célébrité grandit tellement vite qu'il ne parvient plus à gérer le courrier qu'il reçoit. Encore un an plus tard, il écrit à Marcel Grossmann :

« Actuellement, tous les cochers débattent pour savoir si la théorie de la relativité est juste ou non. »

Les erreurs de mesure d'Eddington sont importantes, mais cela s'améliore peu à peu. Grâce à la détermination précise de l'emplacement de radiogalaxies lointaines en des endroits très divers du ciel, la déviation des rayons lumineux est aujourd'hui établie à une précision de 0,1 %. Des radiotélescopes interconnectés peuvent même mesurer l'angle de déviation de seulement 0,004 seconde d'arc à 90 degrés du Soleil et ont confirmé grâce à 500 sources radio la théorie de la relativité générale à 0,002 %. Déterminant la position exacte des étoiles, les satellites astronomiques sont eux aussi utiles : en 1997, l'évaluation des données du satellite européen Hipparcos a établi une correspondance entre théorie et mesures avec une incertitude de seulement 0,3 %. Parti en 2013, son successeur Gaia devrait bientôt améliorer ce résultat d'un facteur 100 !

Comme l'a découvert le radioastronome Irwin Shapiro en 1964, il existe un effet analogue à la déviation des rayons lumineux lorsqu'un rayonnement électromagnétique est échangé entre la Terre et un objectif situé derrière le Soleil, tout près de sa couronne. Exemples : les échos radar de Mercure (ou Vénus) et le trafic radio entre la Terre et les sondes spatiales lointaines. Suivant elles aussi la courbure du champ de gravitation solaire, ces ondes cheminent un peu plus longtemps que dans l'espace-temps plat.

Les signaux radio peuvent explorer la cuvette gravitationnelle du Soleil lorsqu'ils passent très près de la couronne solaire. Ils cheminent alors un peu plus longtemps que dans l'espace-temps non incurvé.

Les meilleures mesures du retard de Shapiro ont été livrées par la sonde Cassini en 2002 et 2003. En route pour Saturne, elle était en liaison radio avec la Terre ; les signaux sont passés au minimum à seulement 1,6 rayon solaire de la couronne du Soleil. Les données ont confirmé la théorie de la relativité à 0,01 %.

Grâce à la courbure de l'espace-temps, les rayons lumineux ne peuvent non seulement pas prendre la mauvaise trajectoire, mais ils peuvent même être scindés en deux et, dans un cas extrême, repliés à 180 degrés (à proximité de trous noirs). Cette lentille gravitationnelle crée des mirages dans le ciel. Une galaxie au premier plan influence la trajectoire d'une lointaine galaxie primaire, de sorte que

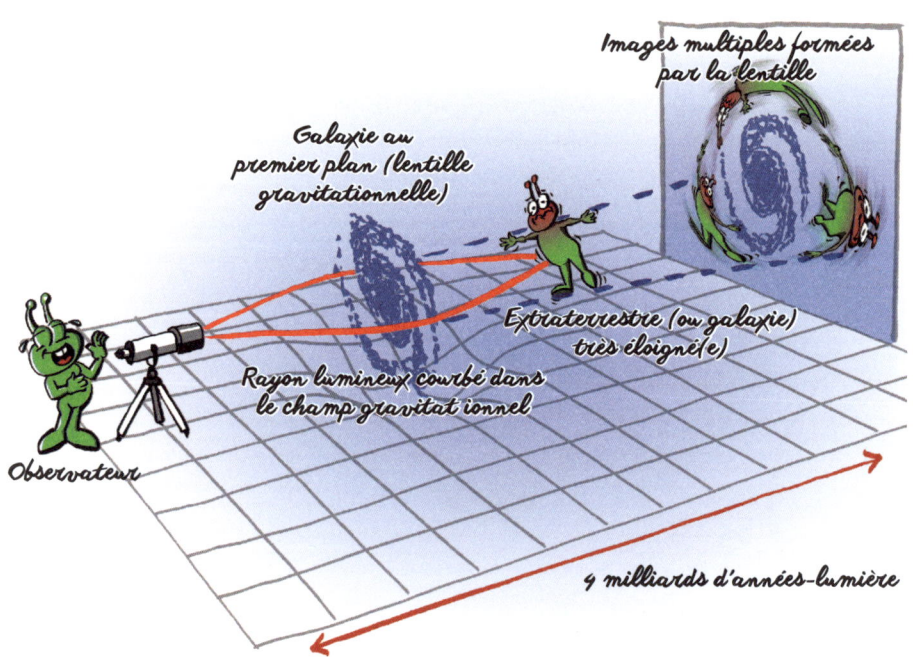

Agissant comme des lentilles gravitationnelles, des objets massifs (trous noirs, galaxies ou amas de galaxies) scindent la lumière d'étoiles ou de galaxies lointaines, de sorte que celles-ci apparaissent au télescope sous la forme d'images multiples, voire d'anneaux.

son image est plus claire, mais apparaît parfois dédoublée, quadruplée ou sous la forme d'un arc incurvé.

Le mirage gravitationnel est décrit pour la première fois dans la littérature spécialisée par Eddington en 1920. Mais Einstein l'avait déjà découvert en 1912, avant même de finaliser la théorie de la relativité générale. En 1936, il publie un article sur l'existence théorique possible d'anneaux, dans lesquels les objets aux premier et second plans sont précisément alignés dans la perspective de l'observateur.

Mais le célèbre scientifique ne pensait pas que l'on puisse un jour observer ces mirages.

Or, des centaines d'entre eux ont été photographiés depuis 1979. Les astronomes s'en servent désormais pour déterminer les distances cosmiques. En 2014, des images d'une étoile formées par une lentille gravitationnelle ont même été perçues – une supernova distante d'environ 9,3 milliards d'années-lumière ! On connaît entre-temps aussi les « anneaux d'Einstein », où la lumière dispersée de la galaxie à l'arrière-plan entoure comme un mirage celle située au premier plan, qui agit comme une lentille gravitationnelle.

Aujourd'hui, les mirages gravitationnels galactiques ne trouvent plus seulement une application fondée sur la théorie de la relativité générale, ils contribuent à l'inverse à la vérifier. On peut ainsi calculer le potentiel gravitationnel des étoiles d'une galaxie à partir de l'analyse de la répartition de leurs vitesses dans cette même galaxie. Si l'on compare le résultat de cette analyse de répartition des vitesses avec les masses données par le modèle de lentille gravitationnelle, on dispose en effet d'un moyen de vérification de la théorie d'Einstein, car les données doivent concorder. C'est en 2006 que cette méthode a été utilisée pour la première fois, pour l'étude de quinze galaxies elliptiques : les données correspondaient avec les prédictions de la théorie. Même si l'incertitude tournait autour de 10 % – comme dans les mesures de l'éclipse solaire d'Eddington en 1919 –, l'hypothèse émise par Einstein d'une déviation de la lumière a ainsi passé sa première vérification à une échelle de grandeur galactique !

Chute libre, rayon laser vers la Lune et miel battu

De nombreuses autres expériences ont confirmé la théorie de la relativité générale avec une précision impressionnante.

Cela vaut en particulier pour l'idée « la plus heureuse » d'Einstein, l'équivalence entre masse inertielle et pesante. Ce principe ne montre d'ailleurs pas seulement la voie de la relativité générale, il se révèle aussi plus compliqué que prévu. On distingue d'ailleurs aujourd'hui trois variantes :

- Le principe d'équivalence faible désigne l'universalité de la chute libre dans le vide : dans un champ gravitationnel, les corps tombent à la même vitesse, quelles que soient leur masse, leur composition et leur structure interne, lorsque les influences électromagnétiques et la force de marée peuvent être négligées. Le physicien Loránd Eötvös réussit à confirmer ce phénomène en 1890 à plus d'un cent millionième (10^{-8}) près. Mais Einstein ne l'apprend qu'en 1912, cinq ans après avoir formulé son principe d'équivalence. Depuis, ce dernier a été vérifié par maintes autres expériences avec une précision toujours croissante. C'est le cas des mesures de la distance Terre-Lune avec une précision allant jusqu'au milliardième (10^{-9}). Dans l'expérience de télémétrie laser-Lune, des rayons laser ont été pointés depuis la Terre vers la Lune sur des réflecteurs placés par les astronautes des missions Apollo 11, 14 et 15 (et sur deux miroirs de véhicules à alunissage automatique Lunochod), où ils sont réfléchis. La distance Terre-Lune est ainsi mesurée au millimètre près (l'écart moyen augmentant d'environ 3,8 cm suite à l'interaction de la marée). Sans la théorie de la relativité, ces données seraient inexplicables. Des mesures plus précises ont été obtenues grâce aux expériences de chute du groupe « Eöt-Wash » (ainsi nommé en l'honneur du physicien pionnier Eötvös) conduit par Eric Adelberger, de l'université de Washington, à Seattle. En 2017, l'expérience du satellite Microscope a amélioré ces résultats d'un facteur 10 : les données obtenues confirment avec une précision aux dix mille milliardièmes (10^{-12}) la validité du principe d'universalité de la chute libre – et l'évaluation des données à venir devrait préciser ces résultats à nouveau d'un facteur 10.

Des rayons laser effectuant le trajet aller-retour entre la Terre et la Lune permettent non seulement de mesurer la distance qui sépare les astres au millimètre près, mais aussi de vérifier le principe d'équivalence d'Einstein avec une très grande précision.

La question reste toutefois ouverte sur le fait de savoir si ce principe s'applique parfaitement. Des tentatives d'élargissement de la théorie de la relativité prédisent en effet d'infimes écarts.

- Le principe d'équivalence d'Einstein affirme, en plus du principe d'équivalence faible, que l'expérience est indépendante de la vitesse du référentiel (invariance locale de Lorentz), ainsi que du lieu et du moment où elle est réalisée (invariance de la position locale). La vitesse de la lumière dans le vide ne doit donc pas varier, que ce soit par rapport à l'espace, à la direction, au temps ou à la source, comme l'exige d'ailleurs la théorie de la relativité restreinte. Des mesures complexes ont en réalité montré qu'il n'y a pas d'écarts jusqu'à une précision d'un trilliardième (10^{-21}).

Einstein au banc d'essai

- Le principe d'équivalence forte prend également en compte la cohésion interne d'un corps par la gravitation (en plus des forces nucléaires et électromagnétiques). Il peut être testé à l'aide de deux objets massifs, comme l'a découvert en 1968 Kenneth Nordtvedt, de l'université d'État du Montana. On compare à cet effet le comportement des masses pesante et inertielle des deux corps. Par exemple, si la Terre et la Lune tournaient autour du Soleil à une vitesse légèrement différente l'une de l'autre, la théorie de la relativité serait contredite. Jusqu'ici toutefois, elle a passé magistralement cette mise à l'épreuve avec une incertitude de mesure de 0,04 %.

D'autres tests sont des succès. Ainsi, les vérifications de la constante de gravitation de Newton à l'aide des sondes spatiales envoyées vers Mars montrent qu'elle pourrait avoir tout au plus varié de 1 % depuis le Big Bang, il y a 13,8 milliards d'années. Cela limite considérablement l'existence possible d'autres théories de la gravitation incluant une constante gravitationnelle variable.

L'effet, décrit dès 1918 par Josef Lense et Hans Thirring, de l'université de Vienne, est particulièrement compliqué : des masses tournantes entraînent légèrement l'espace-temps dans leur rotation – comme une cuillère qui remue du miel crémeux ; cela provoque une infime déviation des pendules oscillant librement ou des sphères en rotation, orbitant par exemple autour de la Terre. Pour démontrer cet effet, le satellite Gravity Probe B est lancé en 2004 (les premiers travaux de développement datent de 1963 !) sous la direction de Francis Everitt, de l'université de Stanford. La sonde réussit en 2011 à mesurer la déviation angulaire prévue de seulement 0,04 seconde d'arc – toutefois pas avec une précision de 1 %, comme espéré, mais seulement de 20 %. La déviation, bien plus grande (6,6 secondes d'arc), liée à la courbure de l'espace-temps du champ gravitationnel terrestre est enregistrée avec une précision de plus de 0,5 %. Ignazio Ciufolini, de l'université de Rome, parvient ensuite également à mesurer l'effet Lense-Thirring, et ce grâce à la réflexion des rayons laser pointés sur les satellites LAGEOS (Laser Geodynamics Satellite), mis en orbite en 1976 et 1992.

Lancé en 2012, le satellite LARES (Laser Relativity Satellite) devrait obtenir dans les années 2020 une précision 20 fois supérieure. Ce corps d'environ 36 centimètres et de près de 400 kg composé d'un alliage à base de tungstène et de 92 miroirs est du reste l'objet le plus dense du système solaire.

« L'horloge avance plus lentement parce qu'elle est installée à proximité de masses pondérables. Il s'ensuit que les lignes spectrales de la lumière qui nous parvient de la surface de grandes étoiles doivent apparaître décalées vers la fin du spectre rouge. »

Du cosmos au quotidien

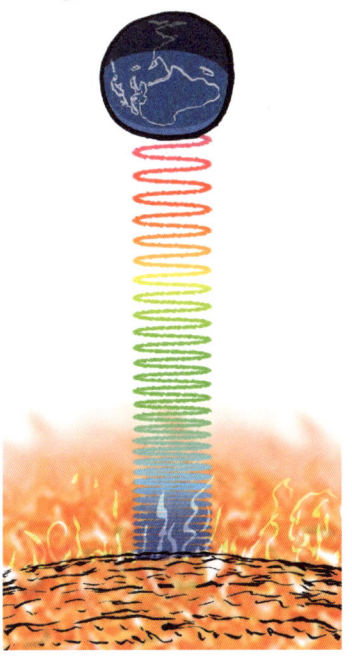

Sous l'effet de la gravitation, les longueurs d'onde des sources de rayonnement augmentent et les horloges avancent moins vite. Einstein suggère des mesures du décalage vers le rouge dès 1911 – et espère que cet effet puisse vite être démontré dans le spectre solaire. Cela ne peut être réalisé qu'en 1962 à cause des turbulences perturbatrices de surface.

La lumière peut véritablement rougir car les longueurs d'onde augmentent légèrement (décalage vers le rouge), dans le champ gravitationnel du Soleil par exemple.

Einstein au banc d'essai

Même dans les années 1990, il n'a pas été possible d'obtenir une précision supérieure à 2 %.

Sur Terre, au contraire, le ralentissement du temps dans le champ gravitationnel (qui correspond au décalage vers le rouge) est plus facile à mesurer. Les premiers à y être parvenus, en 1959, sont Robert Pound et l'un de ses étudiants à l'université de Harvard, Glen A. Rebka. La différence de hauteur s'élève seulement à 22,5 mètres et l'incertitude de mesure à 10 %. Dans une tentative ultérieure, réalisée par Pound et Joseph L. Snider en 1964, l'incertitude de mesure est réduite à moins de 1 %.

Des expériences avec de grandes différences de hauteur sont devenues célèbres : en 1971, Joseph C. Hafele, de l'université Washington de Saint-Louis, et Richard Keating, de l'observatoire naval des États-Unis, survolent la Terre dans des directions opposées avec des horloges atomiques au césium puis comparent la mesure du temps obtenue avec celle d'une horloge de construction identique préalablement synchronisée à Washington. Les montres situées dans les avions avancent d'un milliardième de seconde par rapport à leur homologue en laboratoire, conformément aux prédictions (avec 5 à 10 % d'incertitude). En 1976, le satellite Gravity Probe A, lancé avec une horloge atomique sur une orbite terrestre fortement elliptique culminant à 10 000 km d'altitude, améliore nettement cette précision (0,007 % d'incertitude).

Aujourd'hui, ces mesures n'entrent plus dans la physique fondamentale et font littéralement partie du quotidien grâce à la navigation par satellite. Elles ne serviraient à rien sans la prise en considération des théories de la relativité restreinte et générale. Chaque jour, la localisation divergerait de 2,2 à 10 km environ si les retards liés à la vitesse et à la gravitation n'étaient pas pris en compte. Après seulement trois jours, un GPS ne différencierait plus Nice de Paris. Sans Einstein, la navigation par satellite permettrait tout au plus de trouver une grande ville, mais pas une maison en particulier, et encore moins un chat coincé dans un arbre (à condition qu'il porte un collier à émetteur GPS).

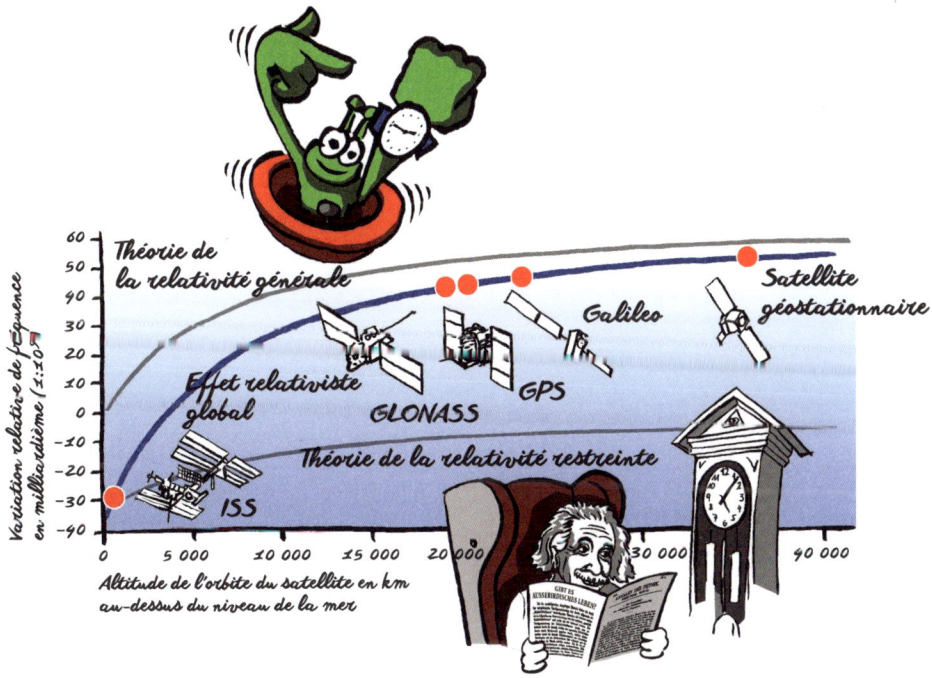

Soumises à un champ gravitationnel et à de grandes vitesses, les montres retardent. Mesurables à l'aide d'horloges atomiques ultraprécises, ces effets jouent un rôle déterminant dans la navigation par satellite. Aussi doivent-ils être pris constamment en compte afin que les systèmes GPS (Global Positioning System) des États-Unis, GLONASS de Russie et Galileo d'Europe fonctionnent de manière fiable. Par une altitude de 3 170 km au-dessus du niveau de la mer (9 550 km depuis le centre de la Terre), les effets contraires de la vitesse et de la gravitation en orbite se compensent parfaitement. Aussi la variation de fréquence nulle est-elle définie sur le graphique comme le point où les effets des théories de la relativité restreinte et générale s'annulent sur l'échelle du temps. Les horloges de la station spatiale internationale retardent un peu par rapport à celles de la Terre alors que celles des satellites avancent. Pour les satellites GPS évoluant à près de 14 000 km/s et 20 000 km d'altitude, cela représente 46 millionièmes de seconde.

Depuis 1960, les effets de la dilatation du temps par la gravitation sont mesurés de façon toujours plus précise sur Terre. La différence n'est que de 10^{-16} s/m (en une année, une montre posée sur une table avance de trois milliardièmes de seconde sur l'horloge fixée au sol et synchronisée à l'origine avec elle – soit tout juste 44 secondes sur l'âge de l'Univers (13,8 milliards d'années). Les horloges atomiques optiques ont atteint une exactitude de marche de l'ordre de 10^{-18} et peuvent être reliées par fibre optique, ce qui permet de déterminer au centimètre près des différences de hauteur sur des centaines de kilomètres. Ces progrès conduiront la géodésie dans l'ère de l'ultra-précision (après avoir permis en 2010 de confirmer la théorie de la relativité générale à 0,0000007 %). Et si l'on localise des mouvements des plaques tectoniques d'un centimètre par an, la définition de la hauteur n'est toujours pas unifiée à l'échelle internationale (par exemple, le niveau zéro en Allemagne est situé à 27 cm au-dessus de celui de la Suisse, ce qui a semé la confusion lors de la construction d'un pont entre ces deux pays !). Les prochaines années devraient, en outre, voir s'établir un nouveau standard de temps (définition de la seconde) prenant obligatoirement en compte la théorie de la relativité. La carte gravitationnelle de la Terre qui sera dressée aidera à localiser les ressources minières et hydrauliques. De plus, les mesures par GPS permettent déjà de voir que l'axe de la Terre s'incline de 15 mètres tous les 12 ans, ce qui permet de tirer des conclusions sur la répartition intérieure de ses masses.

Des mesures relativement précises

Les remarquables vérifications de la théorie de la relativité générale ont permis de tester et de confirmer la théorie de la relativité restreinte, cas particulier de la relativité générale pour les très faibles champs gravitationnels.

Les physiciens ont aussi examiné séparément la théorie de la relativité restreinte de près – sans trouver jusqu'ici de divergences par rapport aux prédictions.

Que la dilatation du temps et la contraction des longueurs ne sont pas des illusions mais des effets mesurables, c'est ce que montrent les muons. Provenant de réactions du rayonnement cosmique – essentiellement des protons énergétiques – avec le noyau des atomes dans l'atmosphère terrestre, ces éléments, également appelés électrons lourds, sont repérables sur Terre à l'aide de détecteurs spéciaux intégrant les effets de la théorie de la relativité. Ils sont instables et se désintègrent avec une demi-vie de seulement 1,5 millionième de seconde. Comme ils se forment à une altitude de 30 km, ils ne peuvent – même s'ils se déplacent à des vitesses proches de celle de la lumière – effectuer que 450 mètres avant de devenir instables. Après 30 kilomètres, ils devraient donc quasiment tous être désintégrés. Mais pour un observateur terrestre, cela n'est pas le cas, la dilatation du temps rallongeant fortement leur durée de vie. Ou pour exprimer les choses dans l'autre sens : compte tenu de leur grande vitesse, le chemin est très raccourci pour les muons – vu de leur propre référentiel, ils ne parcourent pas 30 km pour revenir sur Terre, mais seulement 100 m.

La dilatation du temps aux hautes vitesses est mesurée pour la première fois en 1976, au CERN, près de Genève. Les physiciens créent des muons fonçant à 99,94 % de la vitesse de la lumière dans un anneau. Leur demi-vie est alors de 44,6 millionièmes de seconde – soit 30 fois celle de leur valeur au repos –, ce qui concorde avec les prédictions de la théorie de la relativité restreinte (incertitude de mesure : 0,2 %).

John Cockcroft et Ernest Walton, du Cavendish Laboratory de Cambridge, parviennent à une première confirmation, quoiqu'imprécise, de la formule $E = mc^2$.

En 1932, dans le premier accélérateur de particules au monde, ils bombardent de protons des atomes de lithium, générant ainsi deux particules alpha (noyaux d'hélium 4) par atome. Le bilan énergétique ne s'équilibrait qu'en prenant en compte, en plus des masses des produits de départ et d'arrivée, l'énergie cinétique libérée (17 mégaélectronvolts). En 1934, à Paris, Irène et Frédéric Joliot-Curie observent qu'un rayonnement énergétique peut générer des particules, exactement comme Enrico Fermi le prédit la même année. L'énergie et la masse peuvent se transformer l'une en l'autre, voire ne sont pas du tout différentes par leur nature. La démonstration jusqu'ici la plus précise de $E = mc^2$, avec une incertitude d'à peine 0,00004 %, est publiée en 2005 par l'équipe de chercheurs de Simon Rainville, du MIT. En bombardant de neutrons des atomes de silicium et de soufre, ils ont provoqué une capture neutronique, entraînant la transformation des atomes et l'émission d'un rayonnement gamma avec la libération d'une énergie précisément mesurable.

L'augmentation relativiste de la masse n'est pas non plus un pur jeu de l'esprit. Elle fait même partie depuis longtemps du quotidien des physiciens des particules. Les protons accélérés à 99,999999 % de la vitesse de la lumière dans le Large Hadron Collider du CERN sont ainsi 7 000 fois plus lourds qu'au repos.

Ce phénomène joue aussi un rôle dans les anciens téléviseurs : dans les tubes cathodiques, les électrons sont accélérés dans un champ de tension de 20 000 volts à environ un tiers de la vitesse de la lumière. Leur masse croît alors de 6 %. Si l'on négligeait cet effet de la théorie de la relativité restreinte dans la fabrication des tubes, les électrons qui s'écrasent sur l'écran fluorescent, où ils forment les points de l'image télévisée, pourraient rater leur cible jusqu'à près d'un millimètre. Conséquence : la vidéo ne serait pas nette.

Trous noirs et ondes gravitationnelles

Même un génie comme Albert Einstein ne réussit pas tout du premier coup. Ainsi doute-t-il tout d'abord des vibrations de l'espace-temps, avant de les prédire, puis de revoir son opinion et enfin à nouveau de plaider en leur faveur.

Einstein indique dans une lettre du 19 février 1916 à l'astrophysicien Karl Schwarzschild qu'il ne peut y avoir dans la théorie de la relativité générale « d'ondes gravitationnelles qui seraient analogues aux ondes lumineuses ». À l'époque, Schwarzschild était, comme Einstein, employé de l'Académie royale des sciences de Prusse, mais stationné sur le front de l'Est en Russie comme lieutenant d'artillerie. C'est là qu'il trouve les premières solutions exactes des équations de champ d'Einstein. De ces solutions découle une unité de mesure nommée en son honneur, « rayon de Schwarzschild » – qui exprime la grandeur du type le plus simple de trou noir (un corps si dense que sa force de gravité empêche jusqu'à la lumière de s'en échapper ; personne ne comprenait ce phénomène à l'époque, et le concept lui-même sera forgé seulement dans les années 1960 ; Einstein doute même avec véhémence, encore en 1939, que de tels abîmes de l'espace-temps puissent exister dans le cosmos).

Le 22 juin 1916, Einstein termine un article intitulé *Intégration par approximation des équations du champ gravitationnel*. Grâce à un nouveau calcul d'approximation, il étudie « les ondes gravitationnelles et leur mode de création », affirmant désormais que des masses accélérées émettent des ondes gravitationnelles, un peu comme des charges électriques soumises à une accélération produisent des ondes (rayonnement radio, par exemple).

À partir de cette affirmation, il déduit que « les champs gravitationnels se propagent à la vitesse de la lumière ». Le 31 janvier 1918, Einstein publie un nouvel article sobrement intitulé *Des ondes gravitationnelles*. Sa précédente présentation « n'étant pas assez claire et en outre altérée par une regrettable erreur de calcul », il se doit de « revenir une nouvelle fois sur la question », indique-t-il contrit. Dans son nouveau travail, il élabore pour l'énergie des ondes gravitationnelles la formule du quadrupôle, encore utilisée de nos jours.

Mais en 1936, après avoir émigré aux États-Unis et poursuivant ses recherches à l'Institute for Advanced Study de Princeton, Einstein fait de nouveau volte-face. Avec son assistant Nathan Rosen, il pense pouvoir prouver que les ondes gravitationnelles n'existent finalement pas, mais sont en fait simplement des artefacts d'un choix de coordonnées prêtant à équivoque. Fin 1936, le scientifique remarque alors qu'il a commis une erreur de raisonnement ; il parvient à modifier au dernier moment un article à l'origine négatif et à le publier avec la conclusion inverse. Ce n'est qu'après la mort d'Einstein que des physiciens parviendront, après maints autres débats, à démontrer que les ondes gravitationnelles transmettent de l'énergie – et sont suffisamment réelles pour que l'on puisse en principe s'en servir pour chauffer de l'eau.

Les horloges d'Einstein : vestiges en rotation

L'univers d'Einstein est un lieu magique où des sphères quasi parfaites vrombissent l'une autour de l'autre comme les balles d'un jongleur, sauf qu'elles mesurent une dizaine de kilomètres et qu'une cuillerée à café de leur matière super-massive dépasserait dix milliards de tonnes, soit plus que l'Everest.

Découvertes en 1967, ces sphères sont les premières étoiles à neutrons, cœurs d'étoiles massives ayant épuisé leur combustible

Deux étoiles à neutrons gravitant l'une autour de l'autre forment un laboratoire naturel idéal pour procéder à des vérifications de la théorie de la relativité générale. Ces restes d'étoiles consumées très compacts et émettant des ondes radio le long de leur axe magnétique, gravitent en effet de façon extrêmement rapide et stable.

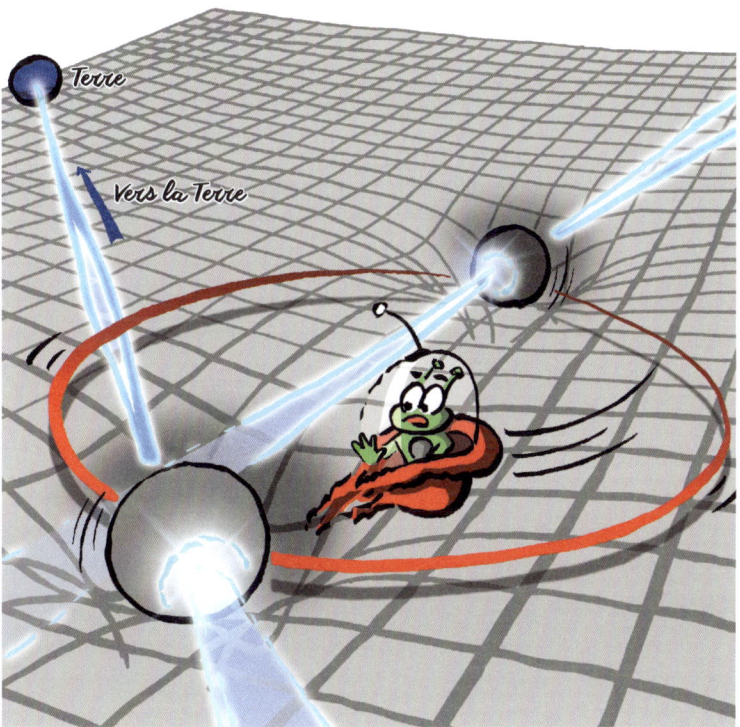

nucléaire et dont les couches externes ont été projetées dans le cosmos sous forme de supernova.

La majorité des étoiles constituant des systèmes binaires, certains de ces vestiges forment parfois des paires. Les astronomes en ont découvert une vingtaine. Des objets aussi insolites permettent de vérifier la théorie de la relativité générale avec une grande précision – pour des champs gravitationnels intenses et d'une manière autrement impossible dans le système solaire. Les mesures effectuées sur deux de ces paires comptent désormais parmi les meilleures confirmations du chef-d'œuvre d'Einstein : ces étoiles doubles ultra-compactes ont, en effet, fourni la première preuve indirecte de l'existence des ondes gravitationnelles.

Le premier de ces systèmes de deux étoiles à neutrons est situé à environ 21 000 années-lumière dans la constellation de l'Aigle. Baptisé PSR 1913+16 d'après ses coordonnées, il est détecté en 1974 à l'aide du radiotélescope Arecibo, sur l'île de Porto Rico, par Russell Hulse et son directeur de thèse Joseph Taylor. Cette découverte leur vaut le prix Nobel de physique en 1993. Très vite, il apparaît en effet que PSR 1913+16 permettrait d'étudier de nouveaux effets relativistes. Les deux étoiles à neutrons pesant chacune 1,4 masse solaire gravitent l'une autour de l'autre toutes les 7,75 heures sur des orbites fortement elliptiques et éloignées d'au plus 1,95 million de kilomètres. Les mesures extrêmement précises du rayonnement radio de l'un de ces vestiges d'étoiles ont permis de déterminer, outre les paramètres classiques de forme et de période des orbites, huit grandeurs relativistes différentes – et ce désormais sur de nombreuses décennies. On peut ainsi vérifier pour la première fois la théorie de la relativité générale pour des champs gravitationnels intenses.

On découvre aussi que la période orbitale de PSR 1913+16 diminue d'environ 75 millionièmes de seconde chaque année. Les deux étoiles à neutrons dansent donc toujours plus vite et plus étroitement enlacées. Leur éloignement se réduit d'environ 3,5 mètres par an, de sorte que ces deux corps célestes entreront en collision dans environ 302 millions d'années.

La diminution de la vitesse orbitale vient de ce que des masses accélérées rayonnent de l'énergie sous forme d'ondes gravitationnelles. Les données observées concordent avec les prédictions de la théorie de la relativité générale à 0,2 % près. PSR 1913+16 confirme ainsi la prédiction d'Einstein sur les ondes gravitationnelles.

En 2003, un autre système binaire, appelé PSR J0737-339, est identifié dans la constellation Poupe, à environ 4 000 années-lumière de la Terre. Ces étoiles à neutrons gravitent l'une autour de l'autre toutes les 147 minutes à 900 000 kilomètres de distance, à une vitesse d'environ un million de kilomètres à l'heure. Comme elles produisent ainsi des ondes gravitationnelles, elles se rapprochent chaque année de 2,5 mètres et fusionneront dans environ 85 millions d'années. On a pu mesurer une oscillation caractéristique de leur axe de rotation (précession relativiste) ainsi que l'effet Shapiro. Toutes ces mesures concordent à 0,02 % avec les prédictions de la théorie de la relativité générale. Elles ont de surcroît permis de mettre à mal, voire de réfuter, plusieurs nouvelles théories sur la gravitation.

Les oscillations de l'espace-temps

Un siècle après qu'Einstein a prédit les ondes gravitationnelles, elles sont pour la première fois mesurées de manière directe – et ce, curieusement, sur des trous noirs repérés en 1916 sur la base de la théorie de la relativité générale ainsi qu'à l'aide de rayons laser, dont Einstein avait posé les bases théoriques en 1916. Jamais auparavant l'esprit d'invention d'un théoricien et les merveilles de minutie déployées par des centaines d'expérimentateurs n'avaient été associés de manière aussi impressionnante.

Les idées audacieuses d'Einstein sont brillamment confirmées par les mesures de l'observatoire d'ondes gravitationnelles par interférométrie laser LIGO. Distants de 3 000 km, les détecteurs installés à Hanford (État de Washington) et Livingston (forêts de Louisiane) sont en fait deux interféromètres de 4 kilomètres perpendiculaires l'un à l'autre. Ce système fonctionne suivant le même principe que l'interféromètre de Michelson et Morley, les savants qui ont démontré la constance de la vitesse de la lumière (voir page 13). LIGO est toutefois plus précis de plusieurs ordres de grandeur : les motifs formés par les interférences des rayons laser peuvent calculer des longueurs d'à peine 10^{-21} mètre – ce qui équivaut à mesurer

La collision de trous noirs provoque des vagues dans l'espace-temps et peut ainsi être mesurée à des centaines de millions d'années-lumière.

la distance entre le Soleil et l'étoile la plus proche avec une précision d'un dixième de l'épaisseur d'un cheveu !

Des ondes gravitationnelles émanant de trous noirs qui s'étaient tournés autour à grande vitesse en spirale avant d'entrer brutalement en collision et de fusionner ont ainsi été détectées, offrant un nouvel angle d'étude de l'Univers : tandis que l'on ne pouvait jusqu'alors que l'observer, on est aujourd'hui carrément capable de l'écouter ! Ces mesures ne marquent donc pas seulement le triomphe de la physique, elles sont aussi d'un grand intérêt pour l'astronomie parce qu'elles permettent de tirer des conclusions sur la composition et le développement de l'Univers. Rien d'étonnant donc à ce que Rainer Weiss, Kip Thorne et Barry Barish, pionniers du projet LIGO, aient été couronnés en 2017 par le prix Nobel de physique.

Le premier signal est détecté en septembre 2015. Depuis, l'écoute des rides de l'espace-temps fait presque partie de la routine et LIGO a déjà perçu au moins cinq fois des ondes gravitationnelles de collisions de trous noirs ayant des masses de 5 à 10 fois celle du Soleil et distantes de 1 à plus de 3 milliards d'années-lumière. Dans l'un des cas, ces ondes ont aussi été perçues au même moment par le détecteur d'ondes gravitationnelles Virgo, installé près de Pise et opérationnel depuis 2017. Trois interféromètres ont ainsi permis de détecter, le même mois, les ondes gravitationnelles d'un carambolage de deux étoiles à neutrons. La collision a pu être photographiée dans le spectre électromagnétique, dans la plage qui va des rayons gamma aux ondes radioélectriques, et ainsi localisée avec précision : elle s'est déroulée au bord de la galaxie elliptique NGC 4993, dans la constellation de l'Hydre, à 130 millions d'années-lumière. Cette découverte est d'ores et déjà considérée comme le début d'une nouvelle ère en astrophysique. Elle confirme en outre pour la première fois l'idée que les éléments les plus lourds, comme l'or, le platine et l'uranium, se forment essentiellement au cours de tels événements d'une violence extrême.

Lors de la collision de trous noirs, conformément à la formule d'Einstein $E = mc^2$, la masse de deux à trois soleils est transformée en une fraction de seconde en énergie pure – de manière invisible toutefois, car cette bouillonnante violence se transforme en une secousse de l'espace-temps. Si l'on convertit cette énergie, elle correspond au rayonnement simultané de toutes les étoiles de l'Univers observable ! Cela aussi serait incompréhensible – et même indécelable – sans les théories d'Einstein sur la relativité.

Ces mesures des ondes gravitationnelles autorisent en outre de nouveaux tests. Selon Einstein, les signaux de la gravitation se propagent exactement à la vitesse de la lumière. Or, les données recueillies ont d'ores et déjà exclu des variations de plus de 10^{-17}. Les formes d'ondes enregistrées permettent elles aussi de vérifier la théorie des trous noirs ; dans ce cas également, les résultats n'autorisent aucun doute. Bientôt, lorsque quatre ou cinq détecteurs interviendront simultanément (deux ont été récemment construits, un au Japon et un en Inde), la théorie de la relativité passera un nouvel examen. Celle-ci prédit très clairement deux schémas vibratoires pour les ondes gravitationnelles, alors que des théories plus complexes sur la gravitation – concurrençant celle d'Einstein – autorisent jusqu'à quatre types de polarisation supplémentaires. Si un seul d'entre eux était clairement identifié, la théorie de la relativité générale serait démentie et réfutée.

Quiz d'Einstein

1. Qu'advient-il de la lumière qui passe près du Soleil ?
- [ ] a. Elle disparaît derrière le Soleil.
- [ ] b. Elle s'enroule pour ainsi dire autour du Soleil.
- [ ] c. Elle est courbée par une éclipse solaire.

2. Comment fonctionnent les lentilles gravitationnelles ?
- [ ] a. Elles avalent la lumière (trou noir).
- [ ] b. Elles amplifient et scindent les rayons lumineux.
- [ ] c. Elles décalent les ondes lumineuses vers le rouge.

3. Dans quelle situation le temps passe-t-il le plus lentement ?
- [ ] a. En lisant un livre
- [ ] b. En assistant à une séance du Sénat
- [ ] c. En se déplaçant à la vitesse de la lumière

4. Que sont les trous noirs ?
- [ ] a. Les résultats de la politique financière
- [ ] b. Une concentration de matière ultra-dense ne laissant pas s'échapper la lumière
- [ ] c. Les cœurs consumés d'étoiles de faible masse

5. Les ondes gravitationnelles sont…
- [ ] a. …des tassements et étirements périodiques de l'espace-temps.
- [ ] b. …toujours un peu plus lentes que la lumière dans le vide.
- [ ] c. …la conséquence nécessaire de mouvements plus rapides et plus uniformes.

Solutions : 1b, 2b, 3c, 4b, 5a

Einstein au banc d'essai

Un univers fermé pourrait ressembler à une sphère ou bien, selon la distribution des matières, à une pomme de terre surdimensionnée.

MODÈLES COSMOLOGIQUES

« Du point de vue de l'astronomie, ce que j'ai construit est un château en Espagne bien spacieux. Mais pour moi, la question cruciale consistait à savoir si l'on pouvait développer l'idée de relativité jusqu'au bout ou si elle conduisait à des contradictions. »

En 1917, Albert Einstein à Berlin et l'astronome Willem de Sitter à Leyde, petite ville universitaire de Hollande, débattent de la structure de l'Univers. Malgré la maladie et la guerre mondiale qui fait rage, ces hommes développent une nouvelle vision du monde, bien plus renversante que tous les obus et les soubresauts politiques. Contrairement aux tentatives millénaires mythico-religieuses, philosophiques puis physiques, cette vision (dont les scientifiques n'ont pas fini de prendre la mesure) repose pour la première fois sur une base encore valable aujourd'hui. L'enjeu est littéralement universel, et c'est de là que naît la cosmologie moderne – la compréhension scientifique de l'Univers. Voire plus encore : sans qu'Einstein puisse alors encore le savoir, il pose les bases qui serviront à décrire le passé et le futur les plus lointains. Tout cela, on le doit à la théorie de la relativité générale qu'il complète en 1917 en introduisant la constante cosmologique. C'est seulement un siècle plus tard que l'on prendra la mesure de cet accomplissement.

Pesanteur cosmique

« J'ai aussi rédigé sur la théorie de la gravitation un article qui risque de me valoir l'internement dans un asile de fous. »

C'est ce qu'écrit Einstein le 4 février 1917 à son ami et collègue Paul Ehrenfest, de Leyde. L'idée, qu'il exposera dans un article de recherche imprimé seulement onze jours plus tard, ne marque pas seulement une date clé de la réflexion humaine dans ses tentatives millénaires de comprendre l'Univers, mais signe aussi le début d'une nouvelle ère scientifique. L'article d'Einstein constitue le début de la cosmologie relativiste, autrement dit la caractérisation de la structure et de la dynamique de l'Univers.

La cosmologie moderne est aujourd'hui marquée par le « modèle standard du Big Bang » et l'idée d'un cosmos en extension constante. C'était alors encore impensable – quoiqu'Einstein aurait en principe déjà pu avoir ces idées s'il avait eu plus confiance en la physique et ses potentialités.

Malgré tout, son approche, dans un premier temps hautement spéculative, marque un jalon. Elle fonde la compréhension de l'Univers sur la base de la théorie de la relativité générale, sans laquelle une description réaliste du monde dans sa globalité est absolument impossible.

« On peut l'exprimer ainsi en plaisantant : lorsque je fais disparaître des choses du monde, il subsiste, d'après Newton, l'espace inertiel galiléen ; mais d'après ma conception, il ne reste rien. »

	1	2	3	4
Seau	Au repos	Tournant	Tournant	Au repos
Eau	Au repos	Au repos	Tournant	Tournant
Rotation relative	Non	Oui	Non	Oui

Selon Newton, il existe un espace absolu, indépendant des choses qu'il contient. Le scientifique justifie cette affirmation par l'expérience du seau d'eau suspendu : tant que le contenant est immobile, la surface de l'eau est plane (1). C'est aussi le cas lorsqu'on lui imprime une rotation (2). Mais, après quelque temps, la surface du liquide se creuse, la force centrifuge pressant l'eau vers le haut au niveau des bords (3). Cette forme concave montre que le liquide tourne alors qu'il est en repos par rapport au seau tournant à la même vitesse. Newton en avait donc déduit que l'eau devait tourner par rapport à autre chose, à savoir l'espace absolu. Le paraboloïde de révolution persiste quelques instants lorsqu'on stoppe brusquement la rotation du seau (4). Puis les frottements finissent par stopper celle de l'eau. Conclusion : d'après Newton, la forme de la surface de l'eau ne peut dépendre du mouvement relatif par rapport au seau et doit au contraire se rapporter à l'espace absolu.

C'est ce qu'écrit Einstein le 9 janvier 1916 à l'astrophysicien Karl Schwarzschild, comme lui membre de l'Académie royale des sciences de Prusse, à Berlin.

Le seau et l'eau tournent. La Terre et la voûte céleste sont au repos.

Ernst Mach est convaincu que l'espace n'existe que par rapport aux choses — un espace vide étant par conséquent une idée absurde. Aussi tente-t-il de réfuter l'expérience du seau de Newton en affirmant que l'eau ne tournait pas dans l'espace absolu mais seulement par rapport aux étoiles, dont Newton aurait négligé la rétroaction sur le liquide. L'argumentation de Mach inspire Einstein, qui fait appel à elle aussi bien pour l'élaboration de la théorie de la relativité générale que pour son premier modèle cosmologique, avant de l'abandonner plus tard.

Le seau et l'eau sont au repos. La Terre et la voûte céleste tournent.

Avec cette affirmation, Einstein exprime une idée phare de sa théorie de la relativité, à savoir qu'il n'existe pas d'espace absolu – tel que Newton le pensait et en avait besoin pour la mécanique classique – et qu'une représentation de l'espace sans objets ni événements est une absurdité. Einstein se place ainsi dans la tradition des philosophes Gottfried Wilhelm Leibniz et Ernst Mach, qui ont eux aussi vivement attaqué la conception de Newton.

La critique de Mach constitue pour Einstein un point de départ important dans l'élaboration de la théorie de la relativité générale.

En 1918, dans un article pour *Annalen der Physik*, Einstein reprend même à son compte le principe de Mach selon lequel « l'état de l'espace serait totalement déterminé par les masses des corps ». L'espace – ou plus exactement le continuum indissociablement lié au temps qu'est l'espace-temps – est décrit dans le cadre de la relativité générale par une grandeur géométrique introduite par Einstein : la métrique, censée déterminer entièrement la matière et l'énergie. (Formulée de façon aussi absolue, cette hypothèse se révèle être une erreur et Einstein indique même, dans une lettre de 1954, que l'on ne doit tout simplement plus parler du principe de Mach. Cela étant, ce thème complexe fait aujourd'hui encore l'objet de controverses.)

Mais l'approche d'Einstein conduit à des difficultés, comme il le reconnaît dès 1916. En plus des équations de sa théorie, des conditions aux limites sont en effet nécessaires pour l'infinité spatiale, dans l'hypothèse où le monde serait infini. Si l'inertie de la matière – la masse inertielle, identique à la masse pesante selon le principe d'équivalence d'Einstein – résulte cependant exclusivement de l'interaction avec la matière avoisinante, comme l'avait affirmé Mach contre l'avis de Newton, cette interaction devrait se répercuter dans les conditions aux limites. Ainsi, si la Voie lactée était isolée dans l'Univers, ou tout au moins très loin d'autres masses, l'inertie ne pourrait alors pas s'expliquer par le principe de Mach.

Voyage autour de l'Univers

« Je cherche désormais dans la gravitation les conditions aux limites de l'infini ; il est quand même intéressant de réfléchir dans quelle mesure existe un monde *fini*, c'est-à-dire un monde d'une étendue finie mesurée de manière naturelle et dans lequel réellement toute inertie est relative. »

Telles sont les réflexions qu'Einstein livre à son ami suisse Michele Besso dans une lettre du 14 mai 1916. L'automne suivant, il présente celles-ci à l'université de Leyde, où elles sont accueillies par de vives critiques. L'astronome Willem de Sitter, de l'observatoire de cette même université, pense que l'explication d'Einstein, si elle devait s'appuyer sur des masses hors de l'Univers observable, ne serait pas plus satisfaisante que celle de Newton et son espace absolu. Les équations d'Einstein seraient en outre liées à un système de coordonnées privilégié, ce qui contredirait l'approche de base de la théorie de la relativité, qui veut que les lois naturelles soient indépendantes d'un système de coordonnées.

« Plus j'y réfléchis, moins je me sens à l'aise avec votre hypothèse », écrit de Sitter à Einstein au 1er novembre. À ses yeux, comprendre « *où* se trouvent ces masses lointaines, et comment elles sont composées, et en plus de cela *comment* l'inertie viendrait jusqu'ici depuis là-bas » n'est pas clair du tout. Avec les conditions aux limites, la théorie de la relativité aurait quand même beaucoup perdu de sa beauté classique.

Einstein accepte ces objections et abandonne sa proposition. Mais il ne se résigne pas et cherche une possibilité pour que l'inertie puisse dépendre complètement des masses du monde – sans l'hypothèse de conditions aux limites. Finalement, il a une idée géniale !

Le 8 février 1917, la classe de mathématiques et de physique de l'Académie royale des sciences de Prusse se réunit à Berlin comme chaque semaine. D'après le procès-verbal de séance, que l'on peut encore consulter aux archives, 29 membres de l'Académie étaient présents, dont les futurs prix Nobel Max Planck et Walther Nernst. Sur ce document est indiqué, à l'encre, d'une écriture manuscrite : « Après la lecture et l'adoption du compte rendu de la séance précédente, M. Einstein a pris la parole. »

Réflexions sur la théorie de la relativité générale inspirées par la cosmologie, tel est le titre de l'exposé et du manuscrit transmis à cette occasion par Einstein pour qu'il soit publié dans les célèbres *Rapports*

Monde fini limité *Monde infini illimité* *Monde fini illimité*

L'Univers pourrait être fini et limité ou infini et illimité. La troisième possibilité, un monde fini et illimité, n'est un concept sensé d'un point de vue physique que dans le cadre de la géométrie non euclidienne et de la théorie de la relativité générale. Dans ce monde fermé sur lui-même, la lumière pourrait tourner autour de l'Univers. Un monde infini au contraire soulève, outre des paradoxes mathématiques, la question de savoir ce qui se trouve derrière sa partie visible, et un monde fini limité pose l'énigme de sa limite : ne pourrait-on pas tendre une baguette ou envoyer de la lumière vers l'extérieur — ou y aurait-il quelque chose, un mur par exemple ?

de séance. C'est dans ces mêmes *Rapports* qu'il fait publier, fin 1915, ses *Équations du champ gravitationnel*, en quelque sorte l'essence de la théorie de la relativité générale. Paru le 15 février, le nouvel article est « un peu audacieux, mais assurément digne de réflexion », comme l'écrit le jour même Einstein au physicien Walter Dällenbach.

Il fait l'hypothèse d'un « univers fermé sur lui-même », au volume « fini, spatial (tridimensionnel) ». Cette hypothèse est très habile.

Non seulement elle semble se conformer au principe de Mach et rend obsolètes les conditions aux limites et masses lointaines, mais c'est aussi une nouvelle idée dans la vieille querelle autour de l'infinitude du monde.

Dans un univers fermé, un rayon lumineux pourrait théoriquement tourner autour de l'espace comme à la surface d'une sphère.

Le modèle cosmologique selon Einstein est fini dans l'espace, mais sans limites – il ne présente aucune frontière mystérieuse ou inconcevable. Il est au contraire fermé sur lui-même et, une fois replié, analogue à la surface d'une sphère. En allant toujours tout droit dans une fusée, on reviendrait effectivement à son point de départ. Et en principe, on devrait même être capable d'avoir une vue périphérique du monde.

Le principe cosmologique

Pour son modèle, Einstein simplifie à l'extrême : « Si l'important est la structure dans son ensemble, nous pouvons considérer la matière comme uniformément répartie sur des espaces prodigieux. » Il suppose que, moyennées sur d'immenses distances, les différences d'épaisseur s'équilibrent et que la matière est, à ces échelles, à peu près répartie de façon homogène. Il compare cela à la description de la Terre comme une sphère ou un ellipsoïde si l'on fait abstraction de toutes les irrégularités à sa surface.

L'hypothèse d'Einstein a été plus tard appelée « principe cosmologique ». Elle s'est brillamment confirmée sur des distances de centaines de millions d'années-lumière. (Le fond diffus cosmologique, vestige de la préhistoire cosmique, n'affiche même que d'infimes écarts de l'ordre du 100 000e.)

Que le principe cosmologique convienne aussi bien est, pour ainsi dire, un cadeau de la nature car il simplifie à l'extrême la description du cosmos, les dix équations de champ couplées de la théorie de la relativité générale se réduisant en effet à deux par symétrie. Mais cela, on ne le sait pas à l'époque. Les mesures astronomiques laissent en fait augurer d'une répartition très inégale de la matière. Nombre d'astronomes pensent même que la Voie lactée est la seule galaxie à la ronde et qu'elle contient de petites nébuleuses, qui sont ensuite reconnues dans les années 1920 comme des « univers-îles » – autrement dit d'autres galaxies.

La conception idéalisée d'Einstein n'est d'abord pas comprise par de nombreux collègues – et même interprétée de manière erronée comme le postulat d'une matière supplémentaire uniformément répartie dans l'espace. Willem de Sitter la rejette en parlant de « masses surnaturelles ». Mais ces masses n'apparaissent nullement dans l'idée d'Einstein. Il considère la géométrie sphérique extra-dimensionnelle de l'espace comme une approximation abstraite. Ce qui compte pour lui, c'est la finitude et la cohérence spatiale, ainsi que l'absence de limites du monde. De façon quasiment prophétique, il explique dans une lettre du 22 juin 1917 sa manière de voir à de Sitter :

« Je ne crois pas que la sphère soit forcément une bonne estimation du monde. En réalité, la structure pourrait aussi être incurvée de façon plutôt irrégulière même en grand format, c'est-à-dire se comporter par rapport au monde sphérique comme la surface d'une pomme de terre par rapport à celle d'une sphère. Nul besoin de supposer que la matière existe sous une autre forme que celle que l'on trouve dans les étoiles. Mais l'on a besoin de supposer que le monde est prodigieusement plus vaste que la Voie lactée. »

La constante cosmologique

Le principe cosmologique ne suffit pas. Einstein a besoin d'une autre hypothèse. Celle-ci est définie dans le quatrième chapitre de son exposé intitulé *Sur Un Terme supplémentaire à ajouter aux équations du champ gravitationnel*, où le scientifique montre que l'on peut compléter les équations de la théorie de la relativité générale par une autre grandeur, sans modifier leurs principales caractéristiques – une idée qui ne va pas vraiment de soi.

Einstein désigne cette « nouvelle constante universelle introduite » par la minuscule grecque lambda (λ). Il la nomme « terme cosmologique », ou plus simplement constante cosmologique, parce qu'elle est, au mieux, significative et mesurable sur des échelles de grandeur gigantesques.

D'un point de vue formel, λ représente la dimension d'une courbure, c'est-à-dire la longueur à la puissance moins 2 (les mesures cosmologiques actuelles montrent que celle-ci doit être inférieure à 10^{-55} cm^{-2}). λ peut être positive, négative, ou égale à 0. La théorie n'indique rien à ce sujet car cela relève de l'observation astronomique. Toutes les constantes naturelles étant des grandeurs résultant de l'expérimentation scientifique, elles reposent en effet sur des mesures.

Einstein souligne que λ doit être un véritable indicateur du cosmos. De cette constante dépendent en effet aussi bien la densité moyenne de la matière que le diamètre, le volume et la masse globale de l'espace sphérique.

Einstein ne donne aucune estimation de ces valeurs. Pour lui, cela est probablement trop risqué. Mais il y pense sérieusement, comme en témoignent certaines lettres. Il estime la densité à 10^{-22} g/cm^3 et le rayon du monde à environ dix millions d'années-lumière, soit dix mille fois la distance des étoiles les plus lointaines alors mesurée

Le premier modèle cosmologique de la théorie de la relativité, l'univers sphérique statique incurvé, fini et fermé, peut être représenté dans son évolution temporelle comme un cylindre. La lumière et les vaisseaux spatiaux pourraient en principe en faire « intérieurement » le tour et revenir à leur point de départ. Ce modèle cosmologique est certes possible dans le cadre de la théorie de la relativité mais instable — les plus petites perturbations le feraient s'effondrer ou s'étendre (modifiant alors la circonférence projetée de cette représentation cylindrique de l'Univers). La répartition des matières étant supposée en moyenne uniforme, il existe dans cet univers un « temps cosmique » universel.

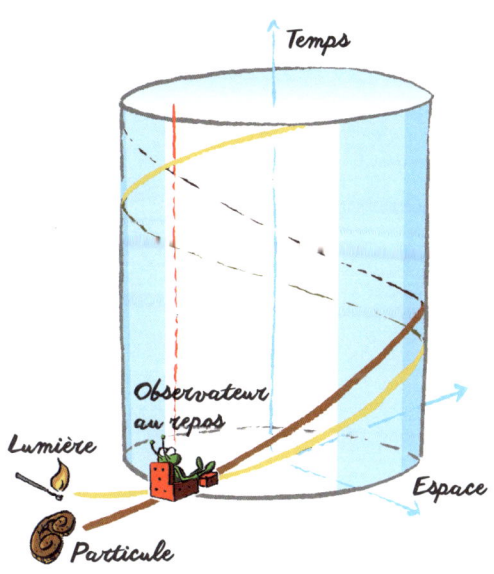

(ce qui est en désaccord frappant avec l'opinion actuelle, qui veut que la seule Voie lactée ait un diamètre de 100 000 années-lumière et que les galaxies les plus lointaines encore observables à l'aide de télescopes géants soient distantes de plus de dix milliards d'années-lumière ; la densité de la matière est elle aussi bien moindre que ne le pense Einstein, avec $4{,}7 \times 10^{-30}$ g/cm^3).

Einstein face à la critique

Au début, Einstein est encore très optimiste quant à la réalité de son modèle cosmologique. Il reste toutefois pleinement conscient de la nature spéculative de son hypothèse, acceptant la critique de collègues et débattant de manière approfondie avec eux.

En 1975, une correspondance fournie entre Einstein et de Sitter est découverte dans les archives de l'observatoire de Leyde. Plus d'une vingtaine de lettres et cartes postales ont été conservées. À partir de 1916, les deux scientifiques débattent avec beaucoup de sagacité sur l'Univers — parfois même depuis leur lit, car ils étaient malades.

Willem de Sitter en particulier s'avère un critique tenace. Et ce, bien qu'il ne puisse, comme son correspondant, parfois pas quitter le lit : si Einstein subit successivement la jaunisse, des calculs biliaires puis un ulcère à l'estomac, de Sitter souffre quant à lui de tuberculose. Malgré tout, les deux hommes réussissent, dans le tumulte de la Seconde Guerre mondiale, à mener des réflexions subtiles et à réaliser de difficiles calculs, fondant ainsi la cosmologie moderne.

Einstein ne fait aucun mystère du caractère purement conjectural de son modèle. En mars 1917, il écrit à de Sitter :

« Je me réjouis d'avoir pu mener ma réflexion à son terme sans rencontrer de contradictions. Désormais, le problème ne me tourmente plus, alors qu'il me hantait auparavant. Quant à savoir si le schéma que j'ai imaginé correspond à la réalité, c'est une autre question à laquelle nous n'aurons vraisemblablement jamais de réponse. »

De Sitter n'a rien à redire à cela. « Et bien, si vous renoncez effectivement à imposer votre conception de la réalité, nous sommes d'accord. Je n'ai rien à redire à votre conception en tant que raisonnement exempt de contradiction, et je l'admire », a-t-il répondu à Einstein le 15 mars. Mais ce qui ressemble à une fin pacifique de leur controverse ne tient pas bien longtemps. Cinq jours plus tard, de Sitter indique en effet à Einstein dans une nouvelle lettre que l'on peut satisfaire aux équations de champ avec constante cosmologique également « sans la matière ». Il trouve en effet une solution décrivant un univers vide, alors que cela entre en contradiction directe avec le principe de Mach et la conception d'Einstein, selon laquelle il ne peut exister d'espace sans contenu matériel-énergétique.

Une discussion enflammée de plusieurs mois éclate sur le fait de savoir si le modèle cosmologique de de Sitter peut être sans contradiction et sensé. C'est au tour d'Einstein de critiquer l'idée de son collègue et de soulever plusieurs problèmes.

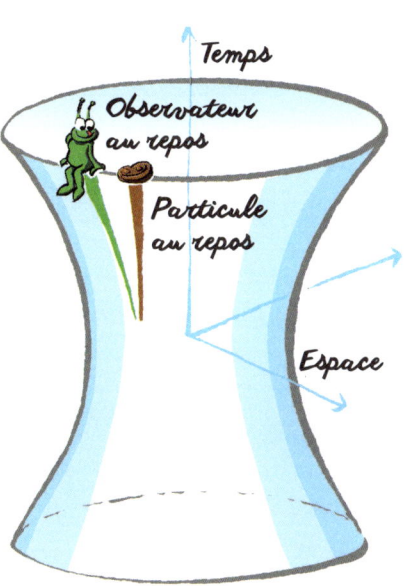

Le modèle cosmologique sans matière décrit par Willem de Sitter présente géométriquement l'aspect d'un hyperboloïde. Il prouve qu'il n'y a pas forcément de lien entre l'espace-temps et la matière ni l'énergie. Cela contredit l'idée d'Einstein selon laquelle un espace-temps « vide » serait impossible. Le monde de de Sitter est dynamique, se contractant et se relâchant : deux particules test situées à l'intérieur finiraient par ne plus avoir un écart constant.

La controverse, également suivie dans des publications scientifiques – développée d'ailleurs toujours sur un ton très amical – dure jusqu'à l'été 1918. D'autres chercheurs, dont les mathématiciens Hermann Weyl et Felix Klein, participent à la joute. Ce dernier finit par démontrer que la critique d'Einstein n'est pas fondée : les supposées infinitudes et « zones à problème » ne sont que des artefacts de certains systèmes de coordonnées et se résolvent si l'on choisit une autre description géométrique. Finalement, Einstein accepte, en grinçant des dents, qu'il puisse exister une solution sans matière à ses équations de champ avec constante cosmologique – même s'il continue de la considérer irréaliste.

Le modèle de Willem de Sitter n'est toutefois pas une curiosité cosmologique, comme le pense Einstein, mais pertinent encore aujourd'hui (plusieurs milliers d'articles scientifiques ont été publiés sur le sujet). Cela vient notamment du fait que ce modèle est, d'une part, la solution cosmologique la plus simple de la théorie de la relativité générale avec une courbure constante. D'autre part, il décrit avec une fidélité étonnante aussi bien le futur proche de notre Univers que sa phase initiale hautement dynamique.

Occasions perdues

Le modèle statique d'Einstein ne fait pas long feu. Qu'il puisse ne pas être une description pertinente de l'Univers, indépendant qu'il est de toute observation astronomique, ses collègues le soupçonnaient dès le début. La question se pose en effet de savoir si sa solution, malgré la constante cosmologique apparemment introduite pour plus de stabilité, peut garantir que le monde reste en équilibre. Dans la réalité, cela est effectivement impossible – comme dans le modèle cosmologique de Newton.

C'est ce que prouve en 1930 l'astrophysicien britannique Arthur Stanley Eddington. Il calcule que l'univers courbé sur lui-même d'Einstein est ultrasensible à d'infimes perturbations : une toux, un souffle de vent le déséquilibreraient et le feraient s'effondrer ou voler en éclats. Et, contrairement à ce que l'on a pu penser à première vue, le modèle cosmologique de de Sitter s'avère lui aussi instable.

Aujourd'hui, tout bon cosmologue sait que l'Univers n'est pas statique et ne peut l'être. Cette conséquence de la théorie de la relativité générale aurait déjà pu venir à l'idée d'Einstein et de Weyl. Mais les préjugés sur la vision du monde étaient trop forts. Aussi l'annonce triomphale de la dynamique de l'Univers a-t-elle été réservée à d'autres cosmologues : Alexander Friedmann (dès 1922), Georges Lemaître (dès 1925) et Howard P. Robertson (dès 1928). Longtemps avant qu'il existe des indices astrophysiques, leurs recherches ont montré que l'Univers – sa matière, son énergie et son espace-temps – doit avoir résulté d'un état très dense et qu'il est depuis en expansion. Cet état initial a ensuite été baptisé Big Bang.

Willem de Sitter manque lui aussi l'occasion de postuler l'expansion de l'Univers. Et ce, bien qu'il formule son modèle non seulement selon des coordonnées statiques, mais, plus tard, également selon des coordonnées dynamiques. Et bien qu'il débatte déjà en 1917 des premières mesures des spectres de galaxies. Il faut dire que les données à disposition sont alors encore insuffisantes. Ce n'est que vers 1924 que l'astronome Edwin Hubble, de l'observatoire Mount Wilson, démontre une fois pour toutes que les nébuleuses du ciel – comme la célèbre nébuleuse d'Andromède – n'appartiennent pas à la Voie lactée et sont en fait des galaxies. En 1929, il découvre ensuite que les galaxies s'éloignent les unes des autres, comme l'on peut s'y attendre dans un univers en expansion – expliquant cette découverte, dans un premier temps, à l'aide du modèle cosmologique de de Sitter.

De Sitter étant pris par ses obligations professionnelles – il supervisera l'extension de l'observatoire de Leyde et occupera longtemps le poste de président de l'Union astronomique internationale –, il délaisse la cosmologie pour ne s'y consacrer à nouveau que dans les années 1930. Aussi Eddington le surnomme-il « l'homme qui avait découvert un univers et l'avait oublié ensuite ». Suite aux mesures de Hubble, tout comme Einstein, il accepte facilement l'idée d'un univers non statique, en expansion, et ce au plus tard en 1931.

L'histoire se termine même par une double chute scientifique. D'un côté, le cosmologue (et prêtre) Georges Lemaître découvre en 1933 une sorte de compromis temporel entre les modèles jadis tellement inconciliables d'Einstein et de de Sitter : l'Univers pourrait avoir évolué d'une phase statique vers une phase d'expansion, chacune obéissant au régime de la constante cosmologique λ. De l'autre côté, Einstein et de Sitter formulent ensemble en 1932 le modèle cosmologique en expansion le plus simple, premières évaluations astronomiques comprises – sans courbure globale ni constante λ.

L'Univers se compose de milliards de galaxies éloignées dans un vaste périmètre avec de gigantesques espaces vides entre elles. La Terre est un grain de poussière à la périphérie d'une galaxie en spirale comme une autre : la Voie lactée.

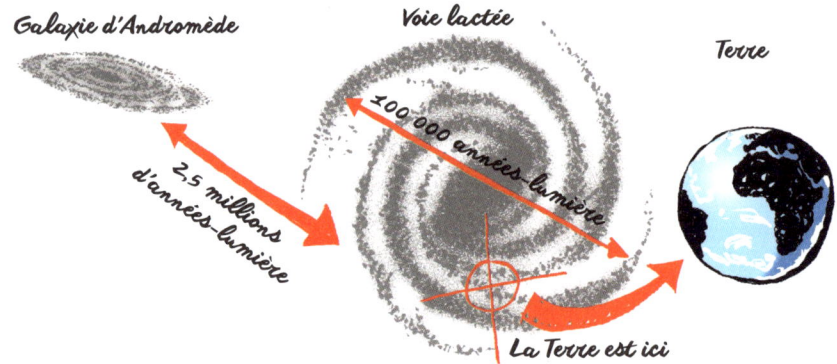

Cosmologie

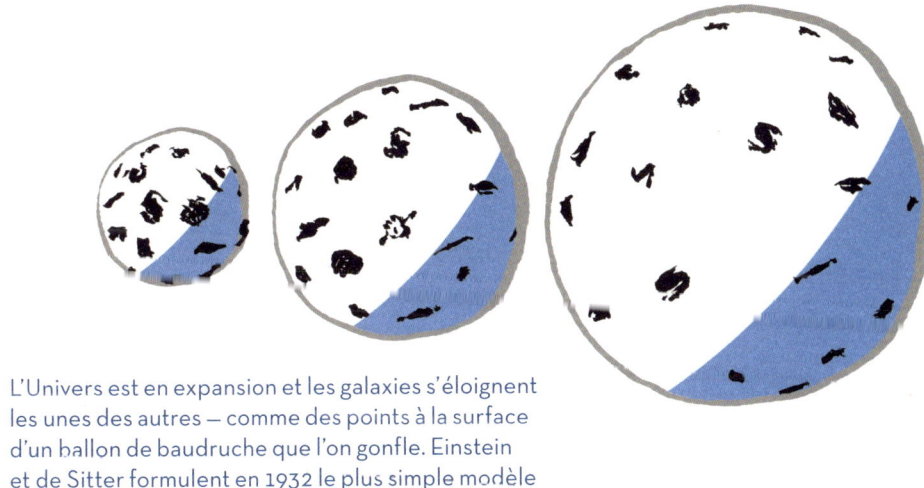

L'Univers est en expansion et les galaxies s'éloignent les unes des autres — comme des points à la surface d'un ballon de baudruche que l'on gonfle. Einstein et de Sitter formulent en 1932 le plus simple modèle de cette cosmologie dynamique.

Ce modèle cosmologique est très apprécié jusqu'en 1998. Puis, les astronomes constatent, en mesurant des explosions d'étoiles lointaines, que l'expansion de l'Univers s'accélère depuis des milliards d'années – ce à quoi une constante cosmologique faiblement positive est désormais la meilleure et la plus simple explication.

Les « âneries » d'Einstein

 « Si l'on admet qu'il n'y a pas d'Univers quasi-statique, qu'on mette le terme cosmologique de l'équation à la poubelle. »

C'est ainsi qu'Einstein, frustré, commente dès le 23 mai 1923 l'échec de son premier modèle cosmologique sur une carte postale envoyée à Hermann Weyl. Suite à l'échec du modèle, la constante cosmologique λ n'apparaît plus forcément nécessaire. Et après qu'Edwin Hubble découvre que presque toutes les galaxies s'éloignent de nous, signe d'un univers en expansion, Einstein pense pouvoir s'en passer une fois pour toutes. En 1931, il écrit dans les *Rapports de séance* de l'Académie royale des sciences de Prusse :

« On peut prouver que la solution statique n'est pas stable, même indépendamment des résultats d'observation de Hubble. Dans ces conditions, il faut se poser la question de savoir si l'on ne pourrait pas venir à bout de la situation sans introduire le terme λ, de toute façon insatisfaisant. »

En 1931, il aurait même dit, selon le physicien George Gamow, que l'introduction de la constante λ dans ses équations avait « peut-être été la plus grande ânerie » de sa vie.

On peut dire rétrospectivement qu'Einstein commet en réalité deux âneries à la fois. D'une part, il rejette hâtivement la constante cosmologique qui, en tant que constante naturelle, fait partie intégrante de ses équations, comme cela sera démontré par la suite. D'autre part, il aurait pu faire une prédiction géniale lors de son introduction, à savoir l'expansion de l'Univers, mesurée de façon indirecte seulement douze ans plus tard.

L'Univers est en effet en expansion toujours plus rapide depuis environ six milliards d'années, comme le découvrent les astronomes en 1998. La cause de cette expansion accélérée n'est pas encore établie (elle est même interprétée par certains physiciens comme l'indication d'une nécessaire transformation de la théorie de la relativité générale en vue de sa transposition aux grandes échelles). L'explication la plus simple – compatible avec toutes les données d'observation astronomiques jusqu'ici collectées – consiste en fait à assigner une valeur faiblement positive à la constante cosmologique d'Einstein !

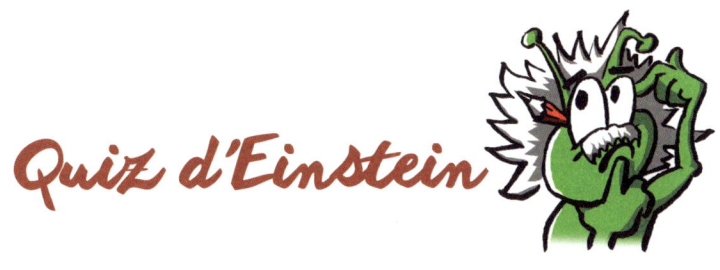

Quiz d'Einstein

1. Quelle nouvelle idée Einstein avait-il pour la cosmologie ?
☐ a. Un univers infini sans limites
☐ b. Un univers fini sans limites
☐ c. Un univers fini borné

2. À quoi servait la constante cosmologique pour Einstein ?
☐ a. À expliquer l'expansion accélérée de l'Univers
☐ b. À maintenir l'Univers statique
☐ c. À décrire la formation de la Voie lactée

3. Quelle solution cosmologique de Sitter a-t-il découverte ?
☐ a. Un univers statique sans matière
☐ b. Un univers avec matière se contractant
☐ c. Un univers sans matière se contractant

4. Quelle découverte Hubble n'a-t-il pas faite ?
☐ a. La Voie lactée se compose d'étoiles.
☐ b. La nébuleuse d'Andromède est en fait une galaxie.
☐ c. La plupart des galaxies s'éloignent les unes des autres.

5. Qu'a décrit Einstein en collaboration avec de Sitter ?
☐ a. Un univers plat en expansion
☐ b. Un univers statique courbe
☐ c. Un univers à constante cosmologique

Solutions : 1b, 2b, 3c, 4a, 5a

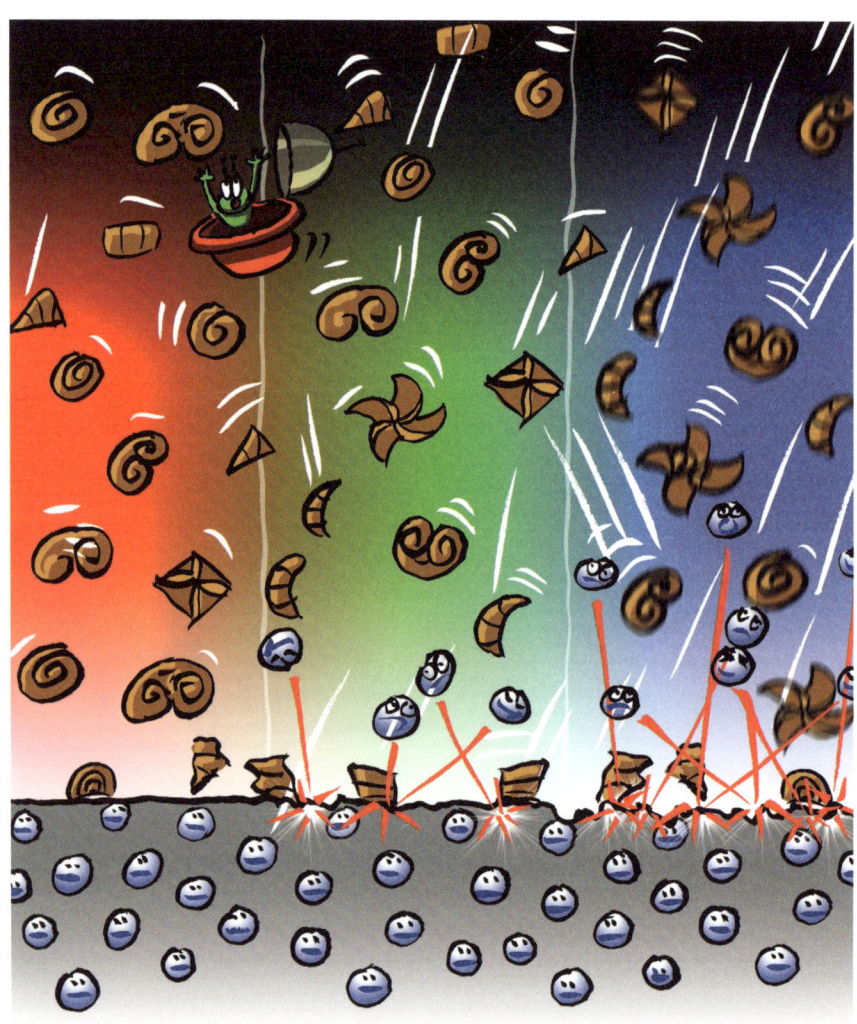

Si un rayonnement énergétique rencontre une plaque métallique, la surface de cette dernière se charge négativement. Einstein découvre pourquoi : les « particules » de la lumière (ou photons) arrachent des électrons au métal. Cette découverte révolutionne la physique, ce qui vaut au célèbre scientifique le prix Nobel.

CURIEUX MONDE QUANTIQUE

« L'idée qu'un électron exposé à un rayon décide librement *du moment et de la direction dans laquelle il veut sauter pour s'enfuir m'est insupportable. Si c'est vrai, j'aimerais mieux être cordonnier ou employé au casino que physicien. »*

Avec la théorie de la relativité, Einstein ne révolutionne pas seulement la compréhension du temps et de l'espace, et donc du grand ordre des choses ; il réussit aussi des incursions fondamentales dans l'univers microscopique. Le scientifique démontre que la matière se compose de petites particules, les atomes. Il révèle également que la lumière existe sous forme de quanta – minuscules portions d'énergie –, et n'est donc pas un continuum. Einstein est ainsi le cofondateur de la théorie des quanta. Il ne considère cependant pas que ces conséquences bizarres représentent le fin mot de la science. En particulier, le hasard, apparemment irréductible, et les « actions fantômes à distance », comme il les appelle, lui font penser qu'il doit exister une réalité plus profonde et donc une théorie encore plus fondamentale. Les physiciens ne l'ont toujours pas trouvée. Personne n'a encore pris la succession d'Einstein pour décrire tous les phénomènes avec une théorie du champ ou une formule du tout unifiée.

L'existence des atomes

En 1905, alors encore employé anonyme du Bureau fédéral de la propriété intellectuelle de Berne, Einstein rénove non seulement le système de la physique par la théorie de la relativité restreinte, mais l'ajuste aussi judicieusement jusque dans ses fondements – et, comme on s'en rend rapidement compte, l'ébranle avec des conséquences déconcertantes. Dans sa publication intitulée *Une Nouvelle Détermination des dimensions moléculaires* – reconnue plus tard comme thèse de doctorat à Zürich –, il tire de faits du quotidien (notamment des caractéristiques de l'eau dans laquelle on fait fondre du sucre) des conséquences d'une grande portée. Il montre que l'on peut déduire de la force visqueuse (ou de frottement visqueux) de la solution des indications sur la taille et le nombre des molécules. Compte tenu de ses nombreuses applications en pétrochimie, ce sera d'ailleurs jusque dans les années 1980 la publication d'Einstein la plus citée dans la littérature spécialisée.

Dans un deuxième article, le célèbre scientifique fait référence au mouvement oscillatoire des particules en suspension dans un liquide, observé pour la première fois au microscope par le botaniste Robert Brown en 1827. Il découvre l'explication de ce phénomène : les chocs des molécules se déplaçant à grande vitesse dans le liquide qu'elles composent. D'autres l'ont déjà supposé avant lui, mais Einstein parvient à démontrer que la température est une grandeur de mesure des mouvements aléatoires des atomes ou de la molécule ; il établit ainsi un lien entre les caractéristiques de la molécule, invisible, et des particules en suspension, dont on peut mesurer les mouvements indépendamment de la température et de la viscosité du solvant – ces prédictions seront confirmées en 1908 par Jean-Baptiste Perrin, à Paris. Par ces travaux, Einstein devient, avec le physicien Marian Smoluchowski, le cofondateur de la mécanique statistique.

Les tremblements des particules en suspension dans un liquide permettent de conclure à l'existence d'atomes et de molécules.

Cela s'accompagne de conséquences très singulières dans la mesure où l'existence des atomes, et des molécules qu'ils composent, est alors encore vivement contestée et que des physiciens de renommée mondiale, comme Wilhem Ostwald et Ernst Mach, s'opposent fermement au modèle atomique. Les travaux d'Einstein permettent aujourd'hui de faire expérimentalement la différence entre la représentation de la matière comme un continuum et l'hypothèse des atomes. Depuis, l'existence des atomes et molécules est avérée. Les spéculations vieilles de 2 500 ans de Leucippe et Démocrite, ainsi que les arguments de John Dalton et Ludwig Boltzmann, reçoivent ainsi une géniale confirmation de principe.

L'apparition des quanta

Le rayonnement et l'énergie sont fragmentés, comme la matière : cette conception bien plus radicale encore est justifiée, également en 1905, par Einstein – et il sera quasiment le seul à la défendre durant plus d'une décennie. Au début, le physicien ne récolte que des doutes, voire des railleries. Or, ses pensées audacieuses en feront le cofondateur de la physique quantique, avec Max Planck et Niels Bohr. Dans son article au titre laborieux, *Un Point de vue heuristique concernant la production et la transformation de la lumière*, Einstein propose une explication de l'effet photoélectrique, bien connu grâce aux mesures effectuées par le prix Nobel de physique Philipp Lenard, farouche opposant à Einstein sous le national-socialisme.

Lorsqu'un rayonnement rencontre un métal à une fréquence suffisamment élevée, il charge la surface de celui-ci négativement. L'important n'est pas l'intensité du rayonnement, mais seulement sa fréquence.

Einstein explique ce phénomène par le fait que le rayonnement est constitué de « particules » toutes susceptibles d'extraire des électrons du métal. Ces quanta de rayonnement ou d'énergie (du latin *quantum*, « combien ») seront baptisés photons (du grec *phos*, « lumière ») par Gilbert Newton Lewis. D'après Einstein, la lumière – et donc tout type de rayonnement électromagnétique, des ondes radios aux rayons gammas en passant par les rayons infrarouges, les UV et les rayons X – doit être constituée de fragments plus petits, comme la matière. Ce modèle à particules est diamétralement opposé à l'idée de lumière comme une onde, représentation pour laquelle plaident alors les phénomènes bien connus de diffraction, de scission, de réfraction et d'interférence.

L'article de 1905 critique ainsi l'hypothèse établie selon laquelle l'énergie d'un rayonnement électromagnétique serait distribuée de manière continue dans l'espace, conformément à la théorie du champ de Maxwell. Einstein y défend l'existence d'indices empiriques donnant à penser que cette énergie est constituée de nombreux quanta concentrés insécables. C'était une rupture avec la physique classique qui contredit la maxime, jadis considérée fondamentale sur un plan philosophique, selon laquelle la nature ne fait pas de sauts.

Un acte de désespoir

La physique quantique expérimentale est en réalité très simple. Il suffit par exemple d'allumer un four électrique. Il chauffe de plus en plus, devient brûlant et commence même à devenir incandescent.

Si l'on maîtrise le feu depuis plus d'un million d'années pour chauffer ses aliments, il a pourtant fallu attendre le 14 décembre 1900 pour pouvoir décrire ces processus correctement en physique.

C'est ce que fait Max Planck en présentant, suivant ses propres termes, une « heureuse formule d'interpolation » lors d'une conférence à Berlin. Bien qu'aucun scientifique présent – Planck compris – ne saisisse alors la signification et la portée de la nouvelle loi de Planck sur le rayonnement, on considère qu'elle marque la naissance de la physique quantique. C'est en outre l'hypothèse dont Einstein a besoin pour expliquer l'effet photoélectrique.

La percée théorique de Planck consiste à trouver un compromis habile entre deux formules déjà connues de Wilhelm Wien et John William Strutt (3ᵉ baron Rayleigh) – en soi une immense performance. Mais le progrès décisif réside ailleurs : la loi de Planck sur le rayonnement comporte une nouvelle « constante d'aide » h, plus tard baptisée « quantum d'action » ou simplement « constante de Planck ». L'unité de cette constante au cœur de la théorie des quanta est celle de l'action, à savoir le produit de l'énergie par le temps, et sa valeur est infime ($6{,}626 \times 10^{-34}$ J/s). C'est notamment à cause de cette quantité infinitésimale que l'on ne peut en général pas remarquer les effets quantiques au quotidien.

Au début, personne ne comprend cette découverte car la loi de Planck sur le rayonnement n'est pas compatible avec la physique classique – Einstein et Ehrenfest ne le démontreront que quelques années plus tard. Einstein permet à la mystérieuse constante h de faire une nouvelle apparition – il est ainsi à l'origine de son succès durable sur la scène de la physique. Il en a besoin notamment pour expliquer l'effet photoélectrique, aussi étend-il son utilisation, au-delà des rayonnements, à leur interaction avec la matière. L'énergie E est, comme le découvre Einstein, le produit du quantum d'action de Planck et de la fréquence f de rayonnement : $E = h \times f$, une formule

qui dérive en fin de compte de celle de Planck.

De la même manière que l'argent possède une unité de base, le centime, l'énergie n'est donc pas présente de manière continue, mais seulement par morceaux. Elle se compose de particules, ou corpuscules, les photons, et ne peut être diffusée ou absorbée que par portions – ou quanta. C'est seulement ainsi que l'on peut comprendre l'effet photoélectrique – un « effet photoélectrique [analogue] interne » joue du reste un rôle au niveau des semi-conducteurs dans une application très répandue : les télécommandes de téléviseurs.

Planck devrait se réjouir que l'on étaye son hypothèse, mais il n'est pas enthousiaste : « Il me semble que la plus grande prudence est de mise face à la nouvelle théorie corpusculaire d'Einstein sur la lumière. La théorie de la lumière ne ferait pas un bond en arrière de quelques décennies, mais de plusieurs siècles » fut son commentaire. Même sa propre loi sur le rayonnement lui paraît inquiétante – dans une lettre de 1931, il qualifie même rétrospectivement « toute cette affaire d'acte de désespoir ».

Les prédictions d'Einstein sur l'effet photoélectrique sont confirmées à Chicago en 1915 par Andrew Millikan, alors qu'il les considérait lui aussi au premier abord « totalement inacceptables ». Ses expériences lui vaudront le prix Nobel en 1923. Le scepticisme de Planck est donc une erreur. En 1919, on remet à ce dernier le prix Nobel de physique attribué en 1918, et ce en très grande partie grâce aux travaux d'Einstein de 1905. Einstein lui-même devait d'ailleurs éprouver l'ironie de l'histoire : il reçoit le prix Nobel de physique de 1921 non pas pour sa géniale théorie de la relativité, mais pour l'explication de l'effet photoélectrique.

Un mystérieux dualisme

Einstein se rend clairement compte que sa conception des quanta d'énergie n'est pas compatible « avec les conséquences expérimentalement démontrées de l'optique ondulatoire », comme il l'exprime en 1911. Les caractéristiques ondulatoires de la lumière – diffraction, réfraction et interférence – ne sauraient être niées. Aussi Einstein a-t-il dès 1909 une idée audacieuse :

« Il m'est d'avis que la prochaine phase de développement de la physique théorique nous conduise à une théorie sur la lumière pouvant être interprétée comme une sorte de fusion entre les théories ondulatoire et corpusculaire de la lumière. »

Ces théories correspondent à la représentation de la lumière sous forme d'ondes respectivement composées de quanta. Pour cette situation particulière qui, d'un « soit l'un, soit l'autre » issu de l'expérience, incite à passer plutôt à un « non seulement, mais aussi », Niels Bohr crée en 1927 le concept de complémentarité, encore mystérieux aujourd'hui. On parle aussi de dualité onde-corpuscule, un concept confirmé en 1922 par les mesures de la dispersion du rayonnement (photons) sur la matière, notamment de rayons X sur des électrons, mesures qui valent en 1927 le prix Nobel à Arthur Compton.

La complémentarité ne s'applique donc pas au seul rayonnement, mais également à la matière ! Einstein aurait pu avoir cette idée, mais c'est bien Louis de Broglie qui en septembre 1923 la mentionne pour la première fois dans une publication et s'en inspire pour sa thèse. Celle-ci est acceptée en novembre 1924, après avoir été envoyée au préalable à Einstein par Paul Langevin, maître de thèse sceptique. Enthousiasmé, Einstein contribuera à ce que la découverte de

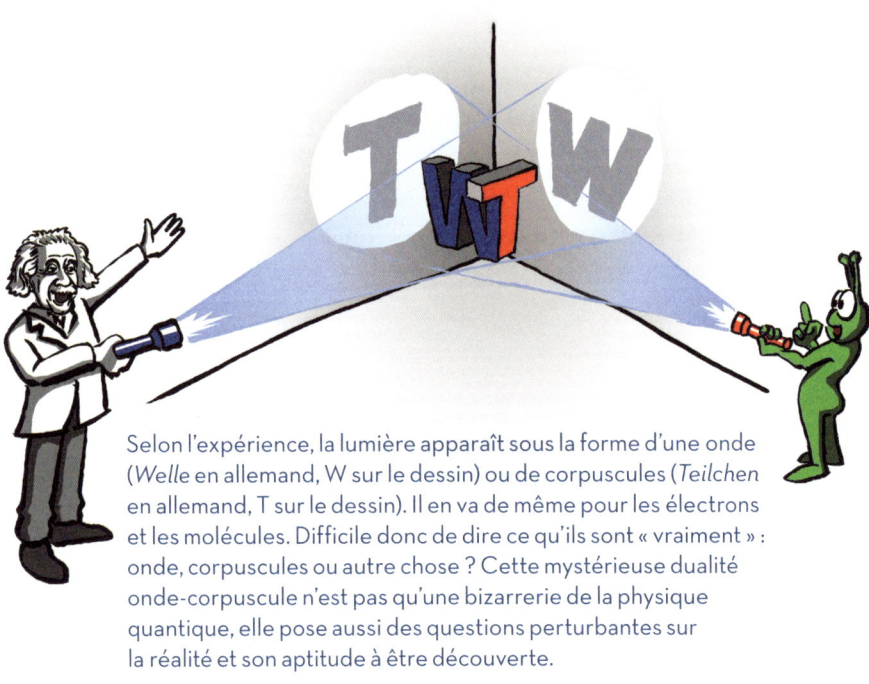

Selon l'expérience, la lumière apparaît sous la forme d'une onde (*Welle* en allemand, W sur le dessin) ou de corpuscules (*Teilchen* en allemand, T sur le dessin). Il en va de même pour les électrons et les molécules. Difficile donc de dire ce qu'ils sont « vraiment » : onde, corpuscules ou autre chose ? Cette mystérieuse dualité onde-corpuscule n'est pas qu'une bizarrerie de la physique quantique, elle pose aussi des questions perturbantes sur la réalité et son aptitude à être découverte.

de Broglie s'impose rapidement, avec des conséquences très étranges : la matière, comme le rayonnement, possède une longueur d'onde !

L'argument de de Broglie se comprend facilement avec de simples notions de mathématiques. La quantité de mouvement p, la masse m, l'énergie E, la longueur d'onde λ et la fréquence f (h est la constante de Planck, c la vitesse de la lumière) sont en effet liées comme suit : $E = h \times f = m \times c_2$, $\lambda = c/f$ et $p = m \times v$ (où la vitesse v d'un photon est c). On en déduit directement l'équation de de Broglie : $\lambda = h/p$. Pour des corps massifs, chats et choux par exemple, λ est très faible, p étant très grande. Mais pour des particules isolées, l'aspect ondulatoire ne doit pas être négligé. Et effectivement, des expériences ont montré dès 1927 que des électrons (et même de grosses molécules) avaient vraiment des caractéristiques ondulatoires ! On peut en effet les amener en interférence.

De Broglie obtient le prix Nobel de physique en 1929 ; Einstein n'est dès lors plus seulement l'un des pères de la physique quantique, il devient aussi le seul parrain de la mécanique ondulatoire. En 1926, Erwin Schrödinger développe cette discipline par sa célèbre équation sur l'approche simplifiée de la physique quantique. La même année, Einstein très enthousiaste écrit dans une lettre à Hendrik Lorentz :

 « Je crois que c'est le premier et faible rayon à venir éclairer la pire de nos énigmes en physique. »

C'est effectivement l'équation de Schrödinger qui permet enfin de comprendre la structure de l'atome (voir dessin ci-contre). Ernest Rutherford a découvert en 1911 qu'il se compose d'un noyau et d'une couche électronique. Par la suite, on apprend que les électrons gravitent autour du noyau comme les planètes autour du Soleil. Mais l'on trouve mystérieux qu'ils ne tombent pas immédiatement dans le noyau, sachant que des particules chargées émettent un rayonnement et perdent ainsi de l'énergie. En 1913, le Copenhaguois Niels Bohr, qui fut chercheur auprès de Rutherford à Manchester, parvient à expliquer les spectres atomiques mesurés et la stabilité des trajectoires des électrons.

Grâce à la constante de Planck, il montre que les électrons ne se déplacent que sur des trajectoires (quantifiées)

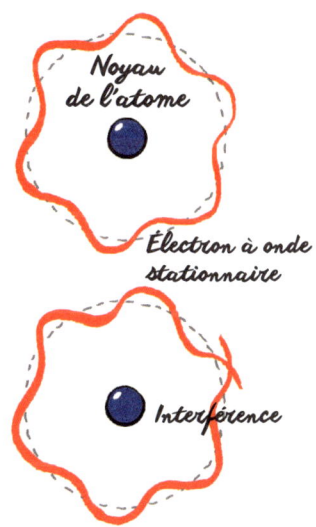

La mécanique ondulatoire peut expliquer les trajectoires des électrons autour du noyau : seules des orbites à ondes stationnaires fermées sont possibles ; à d'autres longueurs d'onde, elles s'autodétruiraient par interférence. Une entité continue (l'onde) génère une entité discrète (la trajectoire).

bien définies et bondissent en tous sens entre elles selon l'énergie accumulée ou perdue – ce sont les fameux sauts quantiques qui, contrairement aux sauts quantiques de l'emphatique jargon managérial, sont les plus petits possible.

Einstein loue l'acte pionnier de Bohr, le qualifiant de « forme de musicalité la plus haute dans la sphère de la pensée » et étudie lui-même ces problèmes. En novembre 1905, il achève le premier travail jamais écrit sur la théorie des quanta des corps solides. Ses calculs seront expérimentalement confirmés quelques années plus tard. En 1916, il écrit des articles sur les effets quantiques des émissions de rayonnements qui sont à l'origine de la théorie du laser (acronyme de *light amplification by stimulated emission of radiation*, terme forgé dans les années 1950 une fois sa mise en œuvre technique réussie). En 1924, Einstein formalise une approche statistique pour décrire certaines particules comme les photons. Cette démarche lui est envoyée du Bangladesh par Satyendranath Bose, un jeune physicien qu'il soutient. Conclusion surprenante : « À partir d'une certaine température, les molécules "se condensent" sans force d'attraction, autrement dit, elles s'entassent à vitesse nulle. » Einstein informe ainsi son ami Paul Ehrenfest et lui confie : « Cette théorie est belle, mais y a-t-il quelque chose de vrai ? » On peut aujourd'hui répondre que oui : en 1995, des physiciens réussissent pour la première fois à fabriquer une matière ultra-froide dans laquelle les particules perdent leur individualité. Cet étrange état est désormais appelé condensat de Bose-Einstein, et toutes les particules répondant à la statistique de Bose-Einstein sont nommées « bosons ».

Einstein n'est donc pas que le cofondateur et le pionnier de la physique quantique, il l'a également enrichie de nombreuses idées annexes, importantes de nos jours car elles ouvrent la voie à toujours plus d'applications pratiques.

Pourtant, alors qu'il est très en avance sur son temps, Einstein suit dès 1925 les progrès de la théorie des quanta d'un œil toujours plus critique ; il ne s'y oppose pas, mais reste en retrait – et se met quasiment en marge, comme bien des gens lui en font le reproche. Il ne parvient plus à suivre en détail certains progrès, en particulier en théorie quantique des champs et en électrodynamique quantique ; mais il continue de s'éreinter sur les fondements de la théorie des quanta jusqu'à sa mort – plus souvent et plus activement qu'il ne l'a jamais fait pour toute la théorie de la relativité.

Dieu joue-t-il aux dés ?

En 1925 et 1926, la théorie des quanta entre dans une nouvelle phase. Werner Heisenberg et ses collègues élaborent la mécanique matricielle, qui repose sur la dualité onde-corpuscule, tandis qu'Erwin Schrödinger développe la mécanique ondulatoire. Ces approches concurrentes se révèlent bien vite mathématiquement équivalentes et passent avec brio toutes les vérifications expérimentales – jusqu'à nos jours. En 1927, Heisenberg découvre, avec son célèbre principe d'incertitude, que la nature est dans ses fondements non seulement quantifiée, mais aussi étrangement imprécise. La constante de Planck indique la certitude avec laquelle des valeurs comme la position et la quantité de mouvement ou le temps et l'énergie sont, à la fois (!), déterminables et déterminées. Plus une valeur est connue avec précision, plus l'autre est indéterminée. Ce fait n'est pas uniquement lié aux hésitations du hasard, on le retrouve par exemple dans le phénomène de la radioactivité.

Einstein suit ces découvertes avec, selon ses termes, une « émotion sans pareille » et en débat souvent avec ses collègues dans des lettres, lors de conférences scientifiques ou de visites mutuelles. Aux congrès Solvay de Bruxelles de 1927 et 1930, il se livre à de légendaires controverses avec Bohr – qu'il continue malgré tout de beaucoup admirer et avec lequel il restera ami toute sa vie.

Einstein lui oppose sans arrêt des objections ou des expériences que Bohr parvient toujours rapidement à réfuter.

Au début, Einstein est surtout dérangé par le rôle apparemment incontournable du hasard dans la physique quantique. Le 4 décembre 1926, il écrit dans une lettre à Max Born, devenu célèbre pour son interprétation probabiliste de l'équation de Schrödinger :

« La mécanique quantique produit bien des résultats intéressants, mais ne nous rapproche pas des secrets de l'Ancien. En tout état de cause, je suis convaincu que Lui ne joue pas aux dés. »

Par cette remarque, qu'il reprendra plus tard souvent sous une forme similaire, Einstein exprime le malaise qu'il éprouve face au hasard et à l'interprétation purement probabiliste de la théorie des quanta. Souvent traduite par « Dieu ne joue pas aux dés ! », cette citation est source de nombreux malentendus. Einstein ne se permet bien sûr aucun dogme théologique. Pour lui, « Dieu » est une métaphore des lois de la nature. Il persiste à croire en un monde qui ne dépend pas des hommes, mais qu'ils peuvent quand même comprendre. Et le scientifique ne croit ni à des âmes immatérielles, ni à d'obscures théories du libre arbitre, ni à une vie après la mort, ni à un dieu personnifié. Les nombreuses tentatives intervenues du vivant d'Einstein pour l'assimiler à une quelconque religion sont donc tout aussi infondées qu'éhontées ; il s'en est d'ailleurs toujours clairement indigné. Pour lui, chaque religion est « l'incarnation d'une superstition enfantine ». En 1954, il fait cette remarque à un philosophe :

« Le mot "Dieu" n'est pour moi rien de plus que l'expression et le produit des faiblesses humaines. La Bible est un recueil de légendes certes honorables mais primitives et vraiment très puériles. »

Actions fantômes à distance

Au plus tard en 1931, Einstein accepte le principe d'incertitude et la cohérence de la physique quantique. Dans une lettre de septembre au comité Nobel de Stockholm, il propose même Heisenberg et Schrödinger pour recevoir le fameux prix. Sa justification : « Je suis absolument convaincu que cet enseignement contient une part de vérité définitive. » Mais une question reste pour lui encore ouverte : la théorie des quanta est-elle bien complète ou n'est-il pas nécessaire de mieux ancrer ses fondements ? La nécessité d'un tel complément – par exemple l'utilisation de « variables cachées » – est réfutée avec véhémence par les représentants de l'école de Copenhague, dont Bohr et Heisenberg, ses principaux auteurs.

En 1935, Einstein, résidant alors à Princeton, lance une nouvelle riposte. Dans un article publié en collaboration avec Boris Podolsky et Nathan Rosen, il montre que la théorie des quanta est forcément incomplète si elle obéit au principe de localité. Ce « principe de proximité », comme il l'appelle également, est satisfait dans la théorie de la relativité. De la théorie des quanta résulte toutefois l'existence d'intrications quantiques non locales. Einstein le découvre en 1927, mais ne parvient pas à l'expliquer à ses adversaires. Plus tard, il parlera d'« actions fantômes à distance » et de « moyens télépathiques », trouvant la non-localité grotesque : la mesure d'un système quantique en un lieu ne devrait pas pouvoir instantanément influencer les résultats de mesure en un autre lieu. Einstein considère en quelque sorte la séparabilité locale des systèmes comme non négociable (et parfois même, à tort, comme un critère de réalité).

Absolument mécontent, Bohr travaille longtemps à une réplique. Mais il n'aurait ni répondu, ni écouté, indiquera plus tard le physicien quantique John Bell, qui affirme :

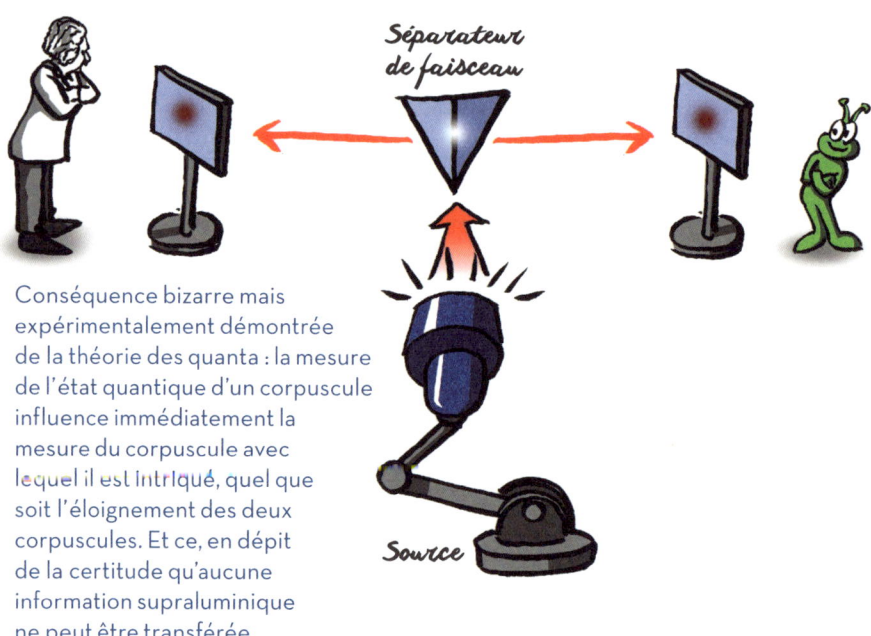

Conséquence bizarre mais expérimentalement démontrée de la théorie des quanta : la mesure de l'état quantique d'un corpuscule influence immédiatement la mesure du corpuscule avec lequel il est intriqué, quel que soit l'éloignement des deux corpuscules. Et ce, en dépit de la certitude qu'aucune information supraluminique ne peut être transférée.

« La supériorité intellectuelle d'Einstein sur Bohr dans cette affaire est énorme : un large fossé sépare l'homme qui voit clairement ce qui est nécessaire de l'obscurantiste. »

Mais le débat entre Einstein et Bohr ne peut être tranché. En effet, c'est seulement en 1964 que Bell démontre, par une inégalité mathématique, que l'existence de variables cachées est incompatible avec la localité de la théorie des quanta. Cette formule rend une vérification expérimentale possible. Celle-ci a depuis montré que l'argumentation invoquée par Einstein à partir de 1935 était tout à fait correcte – mais avec un résultat qui ne lui aurait pas du tout plu : la non-localité existe vraiment ! Il est vrai qu'il n'est pas possible d'échanger des messages supraluminiques grâce aux « actions fantômes à distance » effectivement mesurées. En ce sens, ces actions ne contredisent donc pas la théorie de la relativité restreinte, mais elles sont en désaccord avec la causalité locale, soulevant des questions qui font aujourd'hui encore l'objet de controverses.

Sur la théorie des quanta en elle-même apparaissent entre-temps de multiples interprétations sans les bizarreries de l'école de Copenhague – y compris une variante réaliste de Louis de Broglie, David Bohm et John Bell, qui n'attribue absolument rien au hasard et comprend même des variables cachées… mais qui, contre l'opinion d'Einstein, est justement aussi à caractère tout à fait non-local.

La quête de la formule du tout

Einstein s'entête. Il n'accepte pas que la réalité dépende des observations ou des observateurs, comme l'affirment Heisenberg, Bohr et leurs collègues – ce qui reviendrait à dire que la Lune n'est pas là lorsque personne ne la regarde. Pour Einstein, une théorie doit s'appliquer sur le monde lui-même, et non pas sur ce que l'on en observe. Il est aussi rebuté par le pragmatisme pur, prisé encore aujourd'hui par les physiciens, qui occulte purement et simplement les questions d'interprétation philosophique. Pour tous les objectifs pratiques, il est vrai que l'école de Copenhague suffit. Mais l'on doit alors se limiter à un « *shut up and calculate* » (« tais-toi et calcule ! ») – affirmation attribuée aux prix Nobel Paul Dirac et Richard Feynman, et à laquelle le physicien quantique David Mermin oppose un « *shut up and contemplate* » (« tais-toi et réfléchis ! ») allant tout à fait dans le sens d'Einstein.

« Je ne peux me satisfaire de posséder une machinerie qui permet des prédictions auxquelles l'on ne peut toutefois donner un sens clair. »
« Le vif succès initial de la théorie des quanta ne peut quand même pas m'amener à croire au jeu de dés fondamental, même si je sais bien que mes jeunes collègues mettront cela sur le compte du ramollissement de mon cerveau. »

Ces deux remarques d'Einstein, adressées à Born en 1944 et fin 1953, expliquent clairement son attitude jusqu'à la fin de sa vie. En 1949, il persiste et signe : « Dans le cadre de la théorie probabiliste des quanta, il n'existe pas de description complète du système individuel. » Elle n'existe en effet que pour le système entier. Dans ce sens, la théorie des quanta n'est pas complète, mais uniquement valable dans ses effets. Elle devrait donc, espère Einstein, être en fin de compte explicable et même logiquement déductible d'une théorie fondamentale.

Einstein travaille déjà sur une théorie du champ unifié de ce type dans les années 1920 – et poursuit ce travail jusqu'à la fin de sa vie. En vain. La recherche d'une « formule du tout » est toujours d'actualité. Toutes les propositions faites jusqu'ici sont spéculatives et insuffisantes. Nul n'a encore pris la succession d'Einstein. En 1947, il se plaint à Born dans un courrier où il lui confie : « Les difficultés de calcul sont si grandes que je mangerai les pissenlits par la racine avant d'avoir réussi à me forger une solide conviction à ce sujet. » Mais le scientifique reste convaincu d'une chose : « On finira par aboutir à une théorie dont les éléments logiquement reliés ne sont pas des probabilités mais des faits pensés. »

Jusqu'à sa mort, Einstein conserve son acuité intellectuelle, son engagement social et son application dans ses recherches. Il se fait même encore apporter notes et calculs jusqu'à son lit peu avant son décès. Sa belle-fille Margot, installée dans le même hôpital que lui à Princeton, a pu le voir deux fois avant sa mort. « D'abord, je ne l'ai pas reconnu – tant il avait changé à cause des douleurs et de son visage exsangue. Mais il a gardé le même caractère, confie-elle dans une lettre. Il parlait avec un grand calme – voire une pointe d'humour – de ses médecins et attendait sa mort comme un événement naturel imminent. Il était aussi taciturne et humble face à la mort qu'il avait été courageux dans la vie. Il a quitté notre monde sans effusions ni regrets. »

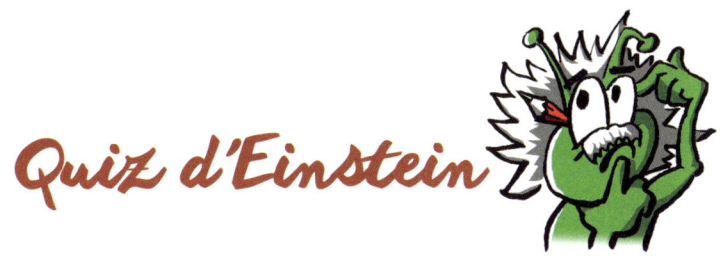

Quiz d'Einstein

1. Comment Einstein a-t-il déduit l'existence des atomes ?
☐ a. De l'effet photoélectrique
☐ b. Du mouvement brownien
☐ c. Du condensat de Bose-Einstein

2. Comment Einstein a-t-il expliqué l'effet photoélectrique ?
☐ a. Par les quanta de lumière (photons)
☐ b. Par le mouvement brownien
☐ c. Par l'équivalence entre la masse et l'énergie

3. Pour quels travaux a-t-il obtenu le prix Nobel de chimie en 1921 ?
☐ a. Pour la théorie de la relativité
☐ b. Pour l'explication de l'effet photoélectrique
☐ c. Il n'a jamais obtenu ce prix

4. Qui a co-inventé la dualité onde-corpuscule ?
☐ a. Planck, Einstein et Bose
☐ b. Einstein, de Broglie et Bohr
☐ c. Schrödinger, Einstein et Born

5. Que voulait absolument préserver Einstein ?
☐ a. Le déterminisme strict
☐ b. Le principe de localité (séparabilité)
☐ c. Le rôle particulier de l'observateur

Solutions : 1b, 2a, 3c, 4b, 5b

Pour en savoir plus sur l'univers d'Einstein

Écrits et correspondance d'Albert Einstein
(Édités selon des critères scientifiques et commentés)
› Collected Papers, éd. Diana Kormos Buchwald & al. Princeton University Press : Princeton à partir de 1987 ; einsteinpapers.press.princeton.edu

Ouvrages de vulgarisation d'Albert Einstein
› *La Théorie de la relativité restreinte et générale* (accessible), Dunod, traduction Maurice Solovine
› *Comment Je vois le monde*, Poche, Champs Flammarion (recueil d'essais)
› *L'Évolution des idées en physique*, Champs Flammarion (2009) (en collaboration avec Leopold Infeld)
› *Autobiographical Notes*, Open Court : La Salle 1992 (1949-1979) (anglais/allemand)
› *Out of my Later Years London*, Thames and Hudson (1950) (recueil d'essais)
› *Lettres à Maurice Solovine*, Introduction Gauthier-Villars, (1956), Paris
› *Albert Einstein, Max Born, Correspondance (1916-1955)*, Le Seuil (1972), traduction Pierre Leccia
› *Correspondance avec Michele Besso (1903-1955)*, Hermann (1979), traduction Pierre Speziali
› *Pensées intimes*, Éditions du Rocher (2000), traduction Philippe Babo

Ouvrages spécialisés
› *La Théorie de la relativité restreinte et générale*, Albert Einstein, Dunod (2012)

› *Albert Einstein : Philosopher-Scientist*, Schilpp Paul Arthur, The Library of Living Philosophers, Open Court, La Salle (1949) (recueil de textes avec des réponses d'Einstein et sa bibliographie)

Internet
› Vie et œuvre : press.princeton.edu/einstein
› Archives : www.alberteinstein.info
› Maison d'Einstein à Caputh : www.einsteinsommerhaus.de
› Musée Einstein à Berne : www.bhm.ch/de/ausstellungen/einstein-museum
› Introduction à la théorie de la relativité : www.einstein-online.info
› Image et impact d'Einstein : www.aip.org/history/einstein
› Informations sur les adversaires d'Einstein : www.relativ-kritisch.net
› Visualisation des effets de la relativité : www.spacetimetravel.org

Autres ouvrages de référence
› *Quand Einstein rêvait*, Alan Lightman, Babelio (1993)
› *Le Petit Livre de l'Univers*, Jean-Luc Robert-Esil, Dunod (2014)
› *L'Univers ; Idées reçues*, Jean-Pierre Verdet, Éditions du Cavalier Bleu, (2004)
› *Le Pays qu'habitait Einstein*, Étienne Klein, Essai (2004)

Crédits photographiques

Les 54 illustrations sont de Gunther Schulz, inspirées en partie de Rüdiger Vaas et de modèles des publications indiquées par la suite : p. 12, 13, 31, 38, 41, 45, 55, 59, 67, 75, 81, 91, 92 d'après R. Vaas : *Jenseits von Einsteins Universum* ; p. 31 d'après R. Vaas : *Hawkings Kosmos einfach erklärt* ; p. 46, 84, 104, 105 comme R. Vaas : *Hawking (presque) facile !* ; p. 62 d'après R. Vaas : *Tunnel durch Raum und Zeit* ; p. 95, 99 d'après R. Vaas : *Bild der Wissenschaft* 3/2017 ; p. 101 d'après R. Vaas : *Bild der Wissenschaft* 4/2017. Inspirations : p. 10 : Tim & Struppi ; p. 24 : Ute Kraus, Hanns Ruder, Daniel Weiskopf et Corvin Zahn : *Physik Journal* 7-8/2002 ; p. 31 : Domenico Giulini : *Spezielle Relativitätstheorie* ; p. 45, 91 et 92 : Michael Janssen ; p. 67 NASA ; p. 75 : Felix Geiger ; p. 81 : Michael Kramer ; p. 116 : Horst Ziegelmann : *Was ist wirklich ?*

Édition originale
Einfach Einstein !
© 2018, Franckh-Kosmos Verlags-GmbH & Co. KG, Stuttgart

Édition française
© Delachaux et Niestlé, Paris, 2019
ISBN 978-2-603-02643-4
Dépôt légal : mai 2019
Achevé d'imprimer en Espagne sur les presses de Graphycems en avril 2019
Correction, réalisation et couverture : Nord Compo (Villeneuve-d'Ascq)